图书在版编目（CIP）数据

　葡萄酒挑选全攻略：如何找到最合适的那支酒 /
（美）科尔（Cole，K.）著；南京恩晨企业管理有限公司译.—南京：东南大学出版社，2015.7
　书名原文：Complete wine selector
　ISBN 978-7-5641-5885-9

　Ⅰ.①葡…　Ⅱ.①科…②南…　Ⅲ.①葡萄酒—基本知识　Ⅳ.① TS262.6

　中国版本图书馆 CIP 数据核字（2015）第 137777 号

江苏省版权局著作权合同登记
图字：10-2014-509 号

Complete Wine Selector

How to ch　　e the right wine every time

　萄酒挑选全攻略——如何找到最合适的那支酒

出版发行：东南大学出版社
社　　址：南京四牌楼 2 号　　邮编 210096
出 版 人：江建中
责任编辑：朱震霞
网　　址：http://www.seupress.com
电子邮件：press@seupress.com
经　　销：全国各地新华书店
印　　刷：上海利丰雅高印刷有限公司
开　　本：889mm×1194mm　1/16
印　　张：16
字　　数：450 千字
版　　次：2015 年 7 月第 1 版
印　　次：2015 年 7 月第 1 次印刷
书　　号：ISBN 978-7-5641-5885-9
定　　价：138.00 元

本社图书若有印装质量问题，请直接与营销部联系。电话（传真）：025-83791830

葡萄酒挑选全攻略

如何找到最合适的那支酒

（美）凯瑟琳·科尔　　著

Katherine Cole

东南大学出版社

·南京·

目录

四、简化的葡萄酒世界

五、记住规则

序一　写在带您进入葡萄酒世界之前

拿到书稿后一口气读完。写序的此刻，我深感满足和欣慰。葡萄酒是文明的象征，是优美而充满智慧的，是大自然与人相互渗透的产物。随着生活水平的日益提高，各式各样的葡萄酒进入消费者的视野，如何化繁为简，挑选一款自己心仪的葡萄酒，成了摆在消费者面前的一道难题，也成了葡萄酒事业发展必须跨越的一道屏障。该书较为详尽地介绍了葡萄酒的分类、酿制葡萄酒的品种及如何挑选一支葡萄酒的基本技巧，不失为您进入葡萄酒世界之前一本好的参考书。

真正的葡萄酒是大自然赋予人类最好的礼物，是生命的一次次轮回，是葡萄农的用心劳作，是酿酒师的妙手与爱心，是时间的历练与升华。然而大规模的商业化运作，把葡萄酒推向了"失去了传统"的边缘，大部分葡萄酒成了"有统一口感及标准"的工业化产品，磨没了葡萄酒的自然文化属性，剥夺了人类透过葡萄酒去亲近自然的权利。

如何挑选一款好的葡萄酒，虽然每个人的偏好有所不同，但"绝对标准"应该是一样的：呈色"自然"；有纯净或复杂的香气；口感平衡；有长度；有典型性；有个性。如果你想挑选一款你特别喜欢的葡萄酒，让它在你的舌尖跳舞，让你的味蕾体验大自然的芳香，让你在微醺的状态下感受时间的美妙，那么我还是建议你用心地把这本书读完，它会引领你进入葡萄酒的美妙世界。当你愿意并欢喜地进入这个奇妙的世界后，"多多尝试，多多对比"。好的葡萄酒是有生命的，所以每次尝试，我们应该心怀敬意，一支好的葡萄酒会把它的一生浓缩在瓶中，期待懂得它的人来开启，并引领它生命的绽放。

向本书的作者凯瑟琳·科尔致以敬意！

江苏名庄酒联盟 执委
江苏名庄汇文化发展有限公司 董事
江苏开元国际酒业有限公司 总经理

朱瑞兵

序二

每十年或每五年甚或每两年就出一本新书，摒弃眼花缭乱的复杂描述和夸夸其谈，对整个古老的葡萄酒业进行总结和新的阐述。1966年，我的发行人对我就是这么要求的。我们很多人都尝试这样做，但顽固的事实是：葡萄酒这东西天生就具有无可救药的复杂性。当然，不仅仅是葡萄酒，世界杯、世界职业棒球大赛、一级方程式赛车、赛马，以及流行音乐，如果你不仅仅是对标题感兴趣的话，究其内容也都是非常复杂的。饮用葡萄酒本是一种乐趣，它美味可口、易与食物搭配，给人以度假的感觉。这一切完全可以不那么沉重、繁琐。

不过，你所想获取的应该不止愉悦的吞咽和轻飘飘的感觉。事实上确实存在一些工业化生产的葡萄酒，简单乏味，难以令人满意。而真正的葡萄酒，酿酒师在自己的葡萄园里克服诸如天气等不利因素酿制出来的美酒，会随着酿制者、葡萄园和天气因素的不同而丰富多变。

1983年，我完成一个大型研究项目——《葡萄酒指南》（*Wine Companion*），试图为读者在数以千计的入门方法中寻找一条捷径。我将葡萄酒划分为10个不同的类型，从清淡的芳香型白酒到浓郁甘甜的红酒，进行了相应的分组。虽然只是个大概的分类，但我觉得非常有用。如此说来，我用了30多年的时间才找到一位接受这种分类概念并赋予它生命的作者。

无论凯瑟琳·科尔是从哪里获知了这种分类概念，她完全采纳了这种分类方法，并进行了生动的描述，我认为极具价值。当然，她所做的远不止这些。围绕葡萄酒的风味、结构、酒体等，她编写了一本完整的葡萄酒指导书，将葡萄酒与食物、情境相关联，并且从奢侈酒到廉价酒都列举了具体的品牌。阅读的时候，你可以学到她的实际经验，当你也像她一样游刃有余的时候，将蓦然发现这复杂的玩意儿真是令人着迷。曾经的迷惘不复存在，手中的葡萄酒玻璃杯从未如此闪耀、如此诱人。

（休·约翰逊）

前言

"我生长在纽约一个工人家庭。后来我变得有点嬉皮,住在爱荷华市,并在那里获得了创意写作博士学位。大约 30 岁的时候,我定居在洛杉矶。我的经纪人乔治(世界上最精明的男人)有一次飞来这个城市与我共进晚餐。我想,'我最好用点好东西招待他'。尽管我对葡萄酒一窍不通,但还是去商店用极高的价钱买了一瓶白葡萄酒和一瓶红葡萄酒,它们都产自加利福尼亚。其间,乔治和他的妻子安妮,在机场租了一辆车,在开往我家的路上找了一家商店,也买了一瓶白葡萄酒和一瓶红葡萄酒,均产自法国。这两瓶酒的价格远不及我买的那两瓶昂贵,可你知道吗,他们买的酒比我的好几千倍。"

这件事是我最近听美国小说家克拉格森·博伊尔讲述的。他是杰出的英语教授,也是创作了超过 23 部小说作品、享有盛誉的作家。他的书已经被翻译成超过 24 种外语。他这种人在世界各地都会受到盛宴款待。

但是博伊尔在选择和购买葡萄酒方面,也和你我一样犹豫不决。他也许可以生动地描写产自皮斯波特的雷司令白葡萄酒(2006 年出版的 *Talk Talk*),但当他走进一家酒行,即使是今天,他还是倾向于购买他所信赖的两三种品牌。比如:拜伦(Byron),这个品牌生产他钟爱的黑品乐和霞多丽酒,产地是圣玛利亚谷,距离他圣巴巴拉市的家不远。

为什么这本书比心理医生还好?

和我们大多数人一样,博伊尔有着这样的困惑:虽然他喜欢葡萄酒,但他不喜欢挑选葡萄酒。这就是他为什么总是依赖那几种品牌的原因。"你发现了喜欢的东西,年复一年,总觉得它很好,"博伊尔告诉我,"选择拜伦,你会很清楚得到的将是什么。对我来说,一旦发现了喜欢的东西,我就会一直喜欢。"

博伊尔的体验具有普遍性。我们也许在商业、医学、设计或文学方面十分成功,但当我们走进一家葡萄酒商店或拿起饭店厚厚的葡萄酒单时,我们的感觉就如同噩梦再现——梦中的我们手足无措,站在一个大学的报告厅里参加一门从未学过的科目的期末考试。

我们迷茫、困惑、惊慌,于是购买高价葡萄酒也许成为最佳选择,就像年轻的博伊尔为了打动他温文尔雅的法国文学经纪人所做的那样。但是,最贵的葡萄酒就一定最好吗?

或者,假以时日,随着智慧的增长,我们会像今天的博伊尔一样,每次都选择饭店里和酒行常备的一两个可靠熟悉的品牌。

但问题是:如果你为酒多付了钱,或者每周都喝同一款酒,你其实是在欺骗自己。想像一下,花比通常多一倍的价钱下载了一首并不那么好听的歌;再想像一下余生里每周都看同一期 *Girls* 节目,那该有多愚蠢啊?

你可以让这本《葡萄酒挑选全攻略》来帮助你。通过阅读此书,你将克服自己对葡萄酒挑选的恐惧,对葡萄酒世界敞开心扉。因为葡萄酒如同我们在人文方面消费的任何其他东西一样:我们参与越多,就越感到满意。

求知欲战胜浮夸

在法国某个"势利眼"餐厅，侍酒者对你微微欠了欠身，有点别有用心，奉上一本与《圣经》一般大的酒单。你突然恨不得自己是个自以为是的全能者，可以应付酒单这档子事（至少能够蒙混过关）。

当你走进一家酒窖餐厅 L'Entoteca Confusione，前门的铃铛如警铃般叮当作响，店主立刻就出现了，在你浏览那些高高的货架上堆满的奇异瓶子和标签的时候，脖子上能感觉到他的呼气。此时你多希望自己是国家彩票的头奖得主，这样就可以把信用卡往柜台上一扔，并宣布："我要你们这儿最好的酒！"

太长时间以来，葡萄酒鉴赏专属于那些好像参加智力竞赛的人。但我们可以告诉你，你不必成为"雨人"也可以在葡萄酒海洋中遨游。把酒庄、酿造期或葡萄品种在脑海中清除。摒弃大多数酒行和酒单编排葡萄酒的荒谬方式（根据地理区域），让我带你了解 10 种常见的葡萄酒类型。

太长时间以来，葡萄酒收藏只属于腰缠万贯的人。但如今，你不需要成为金融奇才也可以轻易拥有精彩的葡萄酒世界。世界上一些最

可口的美酒的标价，只不过相当于你家附近饭店里的一个三明治或一杯咖啡的价格。

通过阅读这本书，你将加入葡萄酒爱好者的新浪潮。他们是探索新知的旅行者，总是对偏僻、不为人知的葡萄种植区域感兴趣。他们是拥有敏锐直觉的美食家，懂得何时该选择低酒精度，何时该选择浓水果味。他们是精明的经济学家，知道并不是一见"reserve"（珍藏酒）这个字眼，就值得花额外的价钱。他们是自信的消费者，知道最贵的酒未必是最好的。

在本书中，你将遇见世界顶级的品酒师，参观世界最好的饭店和酒行，暗访葡萄园和正在作业的酿酒厂，学习如何在家储藏和侍酒。

我们将尽力用最简单的语言。如果过去的葡萄酒书籍属于如羽键琴协奏曲一样的巴洛克风格，我们则借助实用的图表和符号致力于单声圣歌（我保证，不加入铙钹的声响）。

我们要让你相信：鉴赏葡萄酒，并不需要特别富有的世界盲品锦标赛冠军。你只是需要一点冒险精神，并在桌上放一本《葡萄酒挑选全攻略》，当然，可以再加上一本博伊尔最新的小说。干杯！

一、葡萄酒类型

清爽的白葡萄酒

清爽的白葡萄酒

　　一个晴朗的午后，在休闲的海滨咖啡馆，放着"伊帕内玛的女孩"音乐，有点小吃，盐渍杏仁或炸薯条，也许还有简单的沙拉。那么现在，喝点什么呢？

　　既要解渴又要美味，你可不想为此太伤脑筋或花费太多。一杯清爽的白葡萄酒应该能够满足要求。这种酒的共性是：有酸度、矿质感以及微起泡。这三个术语我们将在后面深入探讨。这种类型的葡萄酒为即饮型，价格不高，因此没有必要在价格不菲的橡木桶中酿造。最好的清爽型白葡萄酒有点像经过巧妙调配的玛格丽特酒：咸味，解渴，美味饱满的酸度，简单……总之充满乐趣。

　　如果有一种风味是所有的清爽型白酒所共有的话，那就是柑橘类植物。想想最后装饰的柠檬皮对一盘香草面食的影响，或者是鲜榨橙汁或少量利古里亚橄榄油是如何使扇贝吃起来像美味的生牛肉片的。清爽型白酒中的橘香味也是这样影响你盘中的食物的。

　　不用橡木桶，而用不锈钢容器酿造的霞多丽酒就是清爽型的。来自波尔多的长相思和来自索米尔的白诗南也是如此，但在其他产区这些品种通常具有醇厚、芳香的特征。在这一节中，我们主要关注那些主要以强烈的新鲜度闻名的葡萄品种，对其中许多品种你可能会觉得比较陌生。关注凉爽的气候和海洋影响的区域：意大利北部，葡萄牙和西班牙；多山的奥地利或者法国萨瓦地区；或是像希腊群岛或法国比斯开湾这样的沿海地区，这些地方有草本美食，空气中带有海水的咸味。

　　你很快就会想冰冻一些生蚝，冰镇一瓶密斯卡得酒，或是在冰桶中放一瓶葡萄牙青酒，放上艾斯特和诺昂·吉芭托，伊莉斯·里加纳和斯坦·盖兹巴萨诺瓦风格的音乐。无论天气如何，只需一杯清爽的白葡萄酒在手，你就能感觉到温暖的海风，嗅到空气中海水的咸味。

你会喜欢这类酒，如果：

· 你喜欢柑橘类饮料，如柠檬汁或金汤利鸡尾酒；
· 你的预算有限；
· 你喜欢贝类和沙拉这一类的清淡食物。

专家的话

　　"我们经常用柑橘类搭配海鲜作头道菜。比如，鱿鱼配鳄梨，或阿根廷的酸橘汁腌鱼（生鱼配上酸橘汁），味道非常香。我总是推荐中等酒精度带点矿物质味道的清爽型干白酒，比如卢埃达的弗德乔酒。意大利的苏瓦韦白酒配沙拉会很有趣。而要配蜜桃和山羊乳干酪，维迪奇诺酒是不错的选择，因为它更加青翠活泼。这些葡萄酒都不复杂，通常没有橡木味，总是有良好的酸度。"

　　阿根廷布宜诺斯艾利斯国家联邦区品酒师，帕兹·利维森

搭配建议

炸鸡	橄榄	香草贻贝
沙拉	酸橘汁腌鱼	

价格指数

$	低于15美元	$$$$	50～100美元
$$	15～30美元	$$$$$	100美元以上
$$$	30～50美元		

酒品推荐

阿尔巴利诺　西班牙，下海湾

　　与卢埃达的弗德乔酒一样，这款酒直到最近才被西班牙以外的人们所知晓。口感顺滑，具有柠檬味，价格低廉，如今大有代替灰品乐酒成为酒店最可靠的散卖酒的趋势。其矿物质味和热带花果香味使得它不仅适合在饭前鸡尾酒时间里饮用，也能与主食搭配。

| 价格：
S–$$$ |
| 酒精度：11%~13.5% |
| 适饮时间：
酿造后 1~5 年 |

勃艮第香瓜　法国，卢瓦尔谷

　　把海风、海水和扇贝装进瓶子里，这就是密斯卡岱酒的风味，受卢瓦尔河沿岸影响的白酒。它尖锐的酸度通过流行的酒泥陈酿法得到平衡，带来了乳脂的口感。价格低廉，是烤蛤、蒸蟹，还有半壳生蚝的必备搭配。

| 价格：
S–$$ |
| 酒精度：10.5% ~12% |
| 适饮时间：
酿造后 1~3 年 |

莱迪斯　希腊，伯罗奔尼撒

　　精致的荣迪思葡萄的皮其实是粉红色的，但酿造的酒是淡白色的，特别是出自佩特雷子产区的酒，具有清爽的口感和柑橘的芳香和花香。这种酒与mezedes（希腊小吃）是绝配，也适合与黄瓜、羊乳酪、野菜、鱿鱼、章鱼以及羊腿一起享用，记住别吝啬柠檬和新鲜香草的使用。

| 价格：
S–$$ |
| 酒精度：11.5% ~13% |
| 适饮时间：
立即饮用 |

西万尼　德国，弗兰肯

　　你从没有听说过西万尼酒？其实并不只有你是这样。这种具有茴香气味的清爽白酒越来越多地出现在餐厅的酒单上，我认为属于它的时刻就要到来了（在法国阿尔萨斯，它被拼写为"Sylvaner"，不再与其他酒进行混合而是开始独挑大梁）。如果你受不了德国雷司令酒的甜味，试一试具有香草和树木风味的西万尼白酒吧。

| 价格：
S–$$ |
| 酒精度：11% ~13% |
| 适饮时间：
酿造后 1~3 年 |

苏瓦韦　意大利，威尼托

　　意大利因其历史悠久的红酒而出名，比如巴罗洛红葡萄酒，北部地区如上阿迪杰、弗留利、马尔凯、皮埃蒙特、特伦蒂诺和威尼托，出产的具有矿物味、易与美食搭配的白葡萄酒，用来与今晚的意式调味饭或意大利面一起享用会很美味。具柠檬香的苏瓦韦酒由本地葡萄品种卡尔卡耐卡酿制而成，具有活泼、顺滑的甘菊茶特色。

| 价格：
S–$$ |
| 酒精度：11% ~13.5% |
| 适饮时间：
酿造后 1~5 年 |

青酒　葡萄牙，米尼奥

　　葡萄牙西北部翡翠海岸的"青酒"有着细泡，这是一种酒精度为11.5%或更低的清爽型酒，与其他葡萄酒相比总是很便宜。诱人的柑橘、核果、沙土气息和花香来自25个葡萄品种中的任何一个，其中包括阿尔瓦里奥，也就是西班牙的Albariño。

| 价格：
S |
| 酒精度：8% ~11.5% |
| 适饮时间：
立即饮用 |

酒款介绍：BURGÁNS RÍAS BAIXAS ALBARIÑO

基本情况

葡萄品种：阿尔巴利诺

地区：西班牙加利西亚下海湾萨尔内斯谷

酒精度：12.5%

价格：$–$$

外观：明亮，透明，青绿色

品尝记录（味道）：柠檬马鞭草，龙蒿叶，热带花果，柠檬，盐水，白胡椒，清爽的酸度

食物搭配：咸味小吃，海鲜或清淡的白米饭

饮用还是保存：这种提神酒适合冰镇后即刻饮用

为什么是这种味道？

下海湾是西班牙西北部加利西亚官方葡萄酒酿造区主要的优质法定产区（DO）。阿尔巴利诺是这里的主要品种：这里生产的葡萄酒超过99%是白葡萄酒，而阿尔巴利诺酒占了其中的90%。

这里是凉爽、潮湿的沿海气候，葡萄树种植在花岗岩柱子支撑的棚架中，以抵挡海风的侵袭，日晒充分，腐烂率低。葡萄果实通过手工采摘，为避免氧化要以最快的速度运送到酿酒厂。虽然通过木桶陈酿的高端酒会更加醇厚，但这类新鲜的阿尔巴利诺酒是在不锈钢容器中发酵的，以酿造出加利西亚著名的经典活泼型葡萄酒。由于经历了酒泥浸渍和乳酸发酵（你很快就会在下文关于葡萄酒酸度和矿质感的"大师班"内容中学习到这些术语），这种酒显得美味可口。

酿造者是谁？

这款酒是集体努力的成果。1986年，当阿尔巴利诺酒刚开始出口到西班牙以外的国家时，50个加利西亚的葡萄种植者联合成立了葡萄酒酿造合作社，以马丁·哥达仕（中世纪加利西亚颇有影响的一位诗人兼作曲家）的名字命名。

如今，马丁·哥达仕酒庄是该地区的主要经济支柱，现代的品酒屋吸引了大量游客（著名的圣地亚哥朝圣之路就在附近），酒庄成员涵盖了600户当地农户。酒庄负责人、酿酒师卢西亚诺·阿默艾德，1988年带领下海湾地区成为指定优质法定产区；卡蒂亚·阿尔维贾斯监管阿尔巴利诺酒的生产，而美国进口商埃里克·所罗门则负责选酒。

酒标解读

瓶盖
螺丝盖表示该酒不宜陈放。

酒名
"Burgáns" 是酒庄所处斜坡的凯尔特语名字，加利西亚的原始居民其实是凯尔特人。Burgáns也是由葡萄酒酿造合作社马丁·哥达仕酒庄生产的阿尔巴利诺葡萄酒的专有名称。

产区
下海湾意味着"较低的峡湾"。如果你看西班牙西北海岸的地图，就会看到三面环水的陆地伸出部分。

官方印章
在瓶后会发现一个带有下海湾官方印章的特殊封印。这证明葡萄和酒都通过了管理委员会的检查并获取了序列码。

子产区
萨尔内斯谷是下海湾最古老的子产区，这里据说是阿尔巴利诺酒的发源地。一些最有名的阿尔巴利诺葡萄酒厂就坐落在这里。"Salnés" 在加利西亚语中是"饮"的意思。试想你将从中获得的愉悦感受。

酒精度
在瓶子底部或标签旁边的小字里，可以找到葡萄酒的酒精含量。我们可以看到酒精度只有12.5%，这说明它是清爽型葡萄酒。

BURGÁNS RÍAS BAIXAS ALBARIÑO

为什么是这个价格?

清爽的白葡萄酒往往并不昂贵,因为葡萄种植成本不高,也不需要在法国橡木桶中陈年。而且,这些葡萄酒在年轻时就上市了,所以不占用酿酒厂里的宝贵空间。它们用简单的轻质瓶子封装,装配简单的软木塞或者螺丝帽,所以原料和运输成本较低。

马丁·哥达仕酒庄是一个合作社酿酒厂,这一点很重要。曾几何时,每一家农户都是小农庄的一分子,从橄榄到绵羊什么都养殖,当时大部分的欧洲农村都有民间合作社。当地农民把他们的葡萄运送到集中的仓库,并在公共设备上协作生产粗糙的葡萄酒,供每个人享用。

虽然一些古老的合作社仍然存在,但如今越来越多的合作社形成复杂的交易关系,通过整合资源创造价值。也许最著名的葡萄酒酿造合作社就是巴巴莱斯科生产合作社,位于意大利西北部,出产用内比奥罗葡萄酿造的相当专业的红葡萄酒。

搭配什么食物?

加利西亚的传统烹饪全都与海鲜有关,所以任何鱼类和贝类都可以和与这款酒搭配。酒中清爽的酸度和果香味搭配咸味的食物非常美味,其奶油般柔滑质地与顺滑的酱汁相类似。

试试搭配咸鳕鱼干(盐腌熏鱼)和蒜泥蛋黄酱;油煎杂拌(用柠檬蛋黄酱煎的蔬菜);泰式香浓椰奶鸡汤(含有柠檬草,椰子肉和卡菲尔酸橙的汤);或者是覆盖了煮鸡蛋的尼斯式沙拉。当然别忘了加上配菜:几滴酸橙汁或一小撮剁碎的香菜或欧芹。

左图:加利西亚西南海岸下河湾优质法定产区的一些小型葡萄园,该地区以背景中的一个峡湾的名称命名。

最适食物搭配
有扇贝和春季蔬菜的
意大利调味饭

沙拉　　清淡的　　海鲜
　　　意大利面条

10款最好的
凉爽下海湾阿尔巴利诺酒

BENITO SANTOS	$–$$$
LA CANA	$–$$
DO FERREIRO	$–$$$
FORJAS DEL SALNÈS	$–$$$
MORGADÍO	$–$$
PACO & LOLA	$–$$
PALACIO DE FEFIÑANES	$$
PAZO SEÑORANS	$–$$$$
PEDRALONGA	$$
LA VAL	$

世界其他国家相似类型的酒

Abacela, Estate Grown, Albariño
美国,俄勒冈,乌姆普夸谷 $$

Bouza, Albariño
乌拉圭,弗洛雷斯 $$

Quinta do Soalheiro,
Vinho Verde Alvarinho
葡萄牙,蒙考梅尔加索 $–$$

酒品选择

专家个人喜好

由法国巴黎 Il Vino餐厅品酒师
马泰奥·吉林盖利推荐

世界好酒推荐

 MATTIA BARZAGHI, IMPRONTA VERNACCIA, VERNAC CIA DI SAN GIMIGNANO 意大利，托斯卡纳 $

 LAGAR DE BESADA, EX LIBRIS ALBARIÑO RÍAS BAIXAS 西班牙，加利西亚，下海湾 $

 CHÂTEAU DE CHASSELOIR, MUSCADET SÈVRE ET MAINE（勃艮第香瓜）法国，卢瓦尔 $

 DOMAINE CHIROULET, TERRES BLANCHES（大满胜/长相思/白玉霓）法国，加斯科尼 $

 CONTINI, TYRSOS（维蒙蒂诺）意大利，撒丁岛 $

 GRACI, ETNA BIANCO（卡塔拉托/卡利坎特）意大利，西西里岛，埃特纳山 $$

 KIENTZLER, RIBEAUVILLÉ SYLVANER（西万尼）法国，阿尔萨斯 $

 CAVE LA MADELEINE, PAÏEN D'ARDON（长相思）瑞士，瓦莱，阿尔东 $$

 RAPARIGA DA QUINTA, BRANCO（安图奥维斯/阿瑞图）葡萄牙，阿连特茹 $

 FATTORIA SAN LORENZO, VIGNA DELLE OCHE, VERDICCHIO DEI CASTELLI DI JESI 意大利，马尔凯 $–$$

 RAFAEL PALACIOS, AS SORTES（格德约）西班牙，加利西亚，瓦尔德奥拉斯 $$$

 BODEGAS GERARDO MÉNDEZ, DO FERREIRO CEPAS VELLAS（阿尔巴利诺）西班牙，加利西亚，下海湾 $$$

 DOMAINE A & P DE VILLAINE, ALIGOTÉ DE BOUZERON（阿里高特）法国，勃艮第，布哲隆 $$

 DOMAINE PONSOT, MOREY-ST-DENIS PREMIER CRU CLOS DES MONTS LUISANTS（阿里高特）法国，勃艮第 $$$$

 CLOS DU TUE-BOEUF, TOURAINE, BRIN DE CHEVRE（麦郁品乐）法国，卢瓦尔 $$

 WEINGUT HORST SAUER, ESCHERNDORFER LUMP SILVANER GROSSES GEWÄCHS（西万尼）德国，弗兰肯 $$

 WEINGUT WELTNER KÜCHENMEISTER SYLVANER GROSSES GEWÄCHS（西万尼）德国，弗兰肯 $$

 CANTINA TERLAN, VORBERG RESERVA PINOT BIANCO（白品乐）意大利，上阿迪杰 $$

 LAGIUSTINIANA,GAVIDIGAVI LUGARARA（佳维）意大利，皮埃蒙特 $$

 VILLA BUCCI,VERDICCHIO DEI CASTELLI DI JESI CLASSICO SUPERIORE(韦德乔）意大利，马尔凯 $$

（括号内为葡萄种类）

多种多样的配餐酒

DOMAINE DE BÉGROLLES, MUSCADET SÈVRE ET MAINE（勃艮第香瓜）法国，卢瓦尔，密斯卡得　$

DURIN, PIGATO（皮加图）意大利，利古里亚，利古里亚海岸　$$

CASA VINICOLA BRUNO GIACOSA, ROERO ARNEIS（阿内斯）意大利，皮埃蒙特　$$

PIEROPAN, LA ROCCA SOAVE（CLASSICO SUPERIORE）（卡尔卡耐卡）意大利，威尼托　$$

JULIUSSPITAL, SILVANER TROCKEN（西万尼）德国，法兰肯　$–$$

FATTORIA LAILA, VERDICCHIO DEI CASTELLI DI JESI（韦德乔）意大利，马尔凯　$–$$

DOMAINE SIGALAS, ASSYRTIKO ATHIRI（阿斯提可/阿斯瑞）希腊，圣托里尼岛　$–$$

TETRAMYTHOS, RODITIS PATRAS（荣迪斯）希腊，伯罗奔尼撒，佩特雷湾　$–$$

VALDESIL, GODELLO SOBRE LÍAS（格德约）西班牙，加利西亚，瓦尔德奥拉斯　$$

HERMANOS DE VILLAR, IPSUM（费得乔/维奥娜）西班牙，卢埃达，卡斯蒂利亚 – 莱昂　$–$$

最佳性价比

MICHEL DELHOMMEAU, CUVÉE ST. VINCENT MUSCADET SÈVRE ET MAINE（勃艮第香瓜）法国，卢瓦尔，密斯卡岱　$

GIRAURDON, BOURGOGNE ALIGOTÉ（阿里高特）法国，勃艮第　$

DOMAINE LABBÉ, ABYMES（贾给尔）法国，萨瓦省　$

CASA FERREIRINHA PLANALTO WHITE（菲娜玛尔维萨/维奥西奥/歌维奥/科迪加）葡萄牙，杜罗河　$

INAMA, VIN SOAVE（卡尔卡耐卡）意大利，威尼托　$

QUINTA DA AVELEDA, VINHO VERDE（洛雷罗/塔佳迪拉/阿尔巴利诺）葡萄牙，米尼奥，青酒产区　$

CASA SANTOS LIMA, FERNÃO PIRES［费尔诺皮埃斯（玛丽亚戈麦斯）］葡萄牙，埃斯雷特马杜拉　$

DOMAINE REINE JULIETTE, TERRES ROUGES（匹格普勒）法国，朗格多克　$

DOMAINE DU TARIQUET, CLASSIC（白玉霓/鸽笼白/长相思/大满胜）法国，加斯科尼　$

DOMAINE DES TERRISSES, BLANC SEC（兰德乐/莫扎克）法国，加亚克　$

大师班：酸度和矿质感

我们常常用香气和味道来评价葡萄酒：果香，花香，烟熏味，皮革味。但一款葡萄酒有两个最重要的因素并不一定要运用嗅觉或味觉感官，而与酒的品质紧密相关。这两个要素就是酸度和矿质感。

酸度在清爽的白葡萄酒中是非常明显的。吮吸一片柠檬，然后抿一口牛奶或在舌头上撒一大勺糖，你就会注意到酸度的感觉立即被降低了。所以在果味浓郁或经历了乳酸发酵的葡萄酒中，强烈的苹果酸被转化成了与日常乳制品同样柔滑的乳酸，我们并没有感觉到强烈酸度。清淡的干白葡萄酒由于没有经过乳酸发酵，是酸度最直接的载体。

酸度听起来似乎并不那么讨喜，但事实上，抿一口寡淡或低酸度的葡萄酒比这要糟糕多了，尤其是当你在用餐的时候。在鱼或洋芋片里加一点儿醋，小牛排上挤点柠檬汁，沙拉上加点调味品，披萨上放点西红柿，炒菜里放点酱和面包上的橄榄油——这些都是让我们的味蕾感到愉悦的酸度代表。同样，具有清爽酸度的葡萄酒对于食物是一种美味的陪衬。

如果你想测试对酸度的容忍度，就试一试产自勃艮第的阿里高特酒。因其口感锋利，我喜欢称它为"短吻鳄葡萄酒"。

理想状况下，在种植季节白天天气温和，利于果实成熟，夜晚寒冷，利于保存酸度。但在凉爽的种植区，酿酒师也许不得不在异常寒冷的年份着力降低葡萄酒的酸度以获得更好的口感；同样，过于暖和的天气将迫使酿酒师增加酸度以避免可怕的"松弛"感。虽然我对酸度比较热衷，但如果让我在一天内品尝上百种雷司令的话，我的忍耐度也是有限的。一些专业的葡萄酒品尝师甚至用小苏打漱口并用特殊的牙膏刷牙来防止葡萄酒的酸度使牙釉质脱落。很高兴你没有这些问题。

对于矿质感的定义可就困难多了。葡萄酒爱好者声称矿物质是风土的主要部分，可依此判断出葡萄酒的出产地区。比如，你会听到行家说"白垩岩味夏布利"或"碎石味赤霞珠"。但地质学家告诉我们矿物质味是假的：植物并不能传递根基土壤的风味。然而，葡萄酒中确实能察觉出矿物质味，无论出自哪里，它和酸度一样在清爽的白葡萄酒中也是非常明显的。

如何识别这些要素

① 吮吸一片柠檬，并在舌头上撒一大勺糖，你就会感觉到嘴里的酸度。它并不是一种滋味——虽然常伴有辛辣或酸的柑橘香气，而是一种感觉。你会感觉到舌尖上的愉悦感：口腔里汁水四溢，嘴唇会愉快地抿起来。

② 试着理解矿质感这个概念：彻底地冲洗一块卵石；当它还是潮湿的时候，闻一闻湿石头的气味；然后把石头放进嘴里，你也许能觉察到一种淡淡的泥土味，以及类似于纸的质地。你也许还能感觉到口腔周围的干燥。

③ 不是在葡萄酒品尝的过程中，而是在后味或者余味中你才能明显地感觉到酸度和矿质感。当你把柠檬片从口中取出放在一边，酸度仍会在嘴巴里逗留，继续产生一种多汁的感觉。石头也是这样，可能会让你的嘴巴品尝到一点儿某种古怪的白垩岩的味道。好的葡萄酒也是这样，在口中回味悠长。

酒标解读

密斯卡得酒经常被描述为"咸矿物质味"和"牡蛎味"。这些风味是否来自从比斯开湾吹到卢瓦尔河畔或密斯卡得地区土壤的海风？地质学家或生物学家是不同意这种说法的，但是相信风土的人就是这样认为的。

清爽的密斯卡得白葡萄酒与柠檬汁或木樨草的功效相同。这三种食物中的酸度都增添了海洋的风味并带来一种舌头刺麻的活泼感，与生蚝的顺滑形成对比。

酒泥陈酿
海水绿的瓶身是密斯卡得酒的象征，这种酒大多数采用酒泥陈酿法，意味着在装瓶前经历了酒泥或酵母菌陈酿，产生乳脂般的质地，补充酒的酸度和矿质感。

底土
在法国卢瓦尔河畔的密斯卡得产区，葡萄种植者居伊·博萨尔葡萄园包含三种不同的底土：片麻岩、火成片麻岩和花岗岩。他遵循底土相同原则对三个不同地块的葡萄分别酿造，生产出口味截然不同的三种葡萄酒。所以，三种葡萄酒的酒标都标示了葡萄园地块各自底土的风格。

产区
密斯卡得临近大西洋，是卢瓦尔河畔最凉爽和最湿润的产区。这导致了葡萄酒天然的高酸度和低酒精度。塞弗和麦纳产区是密斯卡得最重要的子产区。

酒精度
密斯卡得酒由一种被称为"勃艮第香瓜"的完全中性的白葡萄酿造而成，只有12%的酒精度，比较清淡，这样我们更容易察觉它明快的酸度。如果酒精度和糖度较高，酸度就不那么明显了。

岩石类型
片麻岩是什么味道？我不确定，但这种酒的确有一种明显的火燧石味道。

2009
Demeter
Vin issu de raisins
de l'Agriculture Bio-Dynamique
Certifié par Ecocert S.A.S. F 52600

XPRESSION
de Gneiss
Domaine de l'Écu
MUSCADET
SÈVRE ET MAINE
APPELLATION MUSCADET SÈVRE ET MAINE CONTRÔLÉE
Mis en bouteille au Domaine par
Guy BOSSARD, E.A.R.L. DOMAINE DE L'ÉCU
La Bretonnière, 44430 LE LANDREAU, FRANCE

大师班：推荐六款酒

　　酸度对于清爽的白葡萄酒来讲，就像钢琴从二楼落下来砸在你头上的感觉一样强烈。矿质感的察觉比较困难。看看你能否从葡萄牙青酒和西班牙巴斯克的塔科力（Txakoli）中发现沙滩沙子的微妙气味，或者，尽量辨认皮埃蒙特佳维产区科斯特葡萄中酷酷的石灰岩特征，或德国摩尔泽河谷雷司令中板岩的味道。在法国的卢瓦尔河谷，桑塞尔白葡萄酒据说有一种"火燧石"的气味。而前页的密斯卡得白葡萄酒，闻起来像牡蛎壳。最后，勃艮第著名的夏布利霞多丽白葡萄酒以"白垩岩味"闻名。

CAMPO DA VINHA
VINHO VERDE BRANCO
（洛雷罗 / 塔佳迪拉）葡萄牙，米尼奥　$

备选
ALIANÇA VINHO VERDE BRANCO
（阿莎尔 / 阿瑞图 / 塔佳迪拉 / 洛雷罗）
葡萄牙，米尼奥　$

CASA DE VILA VINHO VERDE BRANCO
（塔佳迪拉 / 洛雷罗）葡萄牙，米尼奥　$

GURRUTXAGA TXAKOLI
（白苏黎 / 莫恩 – 马哈萨 / 托克瑞 – 马哈萨）
西班牙，比斯卡亚　$$

备选
AMEZTOI TXAKOLI
（白苏黎）西班牙，赫塔尼亚　$$

TXOMIN ETXANIZ GETARIA WHITE
（白苏黎）西班牙，赫塔尼亚　$–$$

VILLASPARINA GAVI DI GAVI
（柯蒂斯）意大利，皮埃蒙特，加维　$–$$

备选
CASTELVERO CORTESE
（柯蒂斯）意大利，皮埃蒙特，蒙费托拉　$

SAROTTO AURORA TENUTA MANENTI
（柯蒂斯）意大利，皮埃蒙特，加维　$–$$

SCHLOSS LIESER BRAUNEBERGER JUFFER
SONNENUHR TROCKEN
（雷司令）德国，摩泽尔　$$

备选
DR. LOOSEN BLUE SLATE KABINETT
（雷司令）德国，摩泽尔　$–$$

STEIN BLAUSCHIEFER TROCKEN
（雷司令）德国，摩泽尔　$$

GÉRARD & PIERRE MORIN
SANCERRE VIEILLES VIGNES（长相思）
法国，卢瓦尔，桑塞尔　$$

备选
PATIENT COTTAT SANCERRE VIEILLES
VIGNES
（长相思）法国，卢瓦尔，桑赛尔　$$

LUCIEN CROCHET SANCERRE
（长相思）法国，卢瓦尔，桑塞尔　$$

DOMAINE FRANÇOIS RAVENEAU
CHABLIS PREMIER CRU FORÊT（霞多丽）
法国，勃艮第，夏布利　$$$$–$$$$$

备选
**FRÉDÉRIC GEUGUEN, DOMAINE DES
CHENEVIÈRES** GRANDES VIGNES
（霞多丽）法国，勃艮第，夏布利　$$

FRANCINE ET OLIVIER SAVARY
SÉLECTION VIEILLES VIGNES（霞多丽）
法国，勃艮第，夏布利　$$

如何侍酒

像塔佳迪拉或葡萄牙青酒这样极新鲜、清淡的白酒，冷藏后饮用口感最好。而对于更芳香醇厚的葡萄酒，如雷司令、加维、桑赛尔或夏布利，最佳的饮用条件是冷凉后而不是冰冻，因此把它们从冰箱取出后放置 15 分钟左右再饮用。不需要用昂贵的器皿，一只简单的玻璃酒杯就足够了。

如何评酒

酸度是一种感觉，而不是一种滋味。试着在心里把这两个概念分开。酸度并不是柠檬味，虽然二者经常在清淡的白葡萄酒中同时存在。酸度的感觉是清爽，明快，生动，活泼，就像在脸上拍冷水刺激神经一样刺激着舌头的表面。而矿质感是能够被嗅到和感觉到，有点令人困惑。比如你会闻到或在余味中体会到白垩的矿物质味道。

感官感受

任何葡萄酒——白酒，红酒，甜酒，加强酒，都可以拥有如上所述爽脆的酸度，别以为酸度总伴有柑橘香气和花香。体会美味的、舌尖上刺麻的感觉。一般而言，酸度会刺激你的味蕾，让你有再喝一口的欲望。矿物质味也存在于各种类型的葡萄酒中，具有石头的味道和像纸那样的口感。

食物搭配

这些白葡萄酒可以作为开胃酒，与绿橄榄和咸巴旦杏一起享用。或者与海鲜，比如蒸蟹或蒸蛤蜊，冻蟹或虾仁沙拉一起搭配。对像山羊奶酪或土豆浓汤一类具有黏附感的食品，这种葡萄酒清爽的酸度能透过糊状质地与之混合，是一种理想的搭配方式。不必担心它们不适合清淡的食物：烤鸡和炸猪排绝对要与活泼的、具有果香味的雷司令，或是柔滑的、具有矿物质味道的夏布利搭配享用。

大师班：趋势如何？
还原型酒或氧化型酒

起泡

你也许认为 "spritz" 这个词就像把柠檬角放在平底锅里的煎四季豆时的情况一样，但在葡萄酒词汇表中，"spritz" 有它自己的定义。葡萄酒行家用这个品尝术语来形容一种微微起泡的葡萄酒，法国人说 "petillant"，或者如果你更喜欢德语，那就是 "spritzig"。它并不像苏打水里那种许多的大气泡，所以别把 "spritzy" 葡萄酒等同于柠檬汽水。事实上，你手中的 "spritzy" 葡萄酒杯里可能根本看不到气泡。但在口中，你会感觉到愉悦的刺麻感——这证明了液体中少量二氧化碳的存在。这些二氧化碳并不是酿酒师刻意加进去的，只是保留了自然产物。

我们呼出二氧化碳，葡萄酒也以其独特的方式呼气，发酵产生的副产品就是酒精和二氧化碳。在温暖的酒厂里，这些气体会自然消散。但在冷冷的酒窖中，葡萄酒通常并不 "呼气"，二氧化碳就停留在液体中。即使清爽的白葡萄酒里些微的起泡令人满意，但对于厚重的白葡萄酒和红葡萄酒就另当别论了。为了避免这个问题，酒商们会在装瓶时加入惰性氮气或氩气来排出多余的二氧化碳。如果你开启一瓶红葡萄酒发现微微有点起泡，可能是因为这瓶酒来自一个冷凉的酒窖，酒商急于装瓶而没有意识到二次或乳酸发酵还没有彻底完成。这时，只需要让葡萄酒在玻璃杯中暖和一会，讨厌的气泡就会消散了。

还原法酿酒

酿造微起泡的白葡萄酒，可以用还原发酵法。酒在装瓶前都被装在凉爽的压缩不锈钢罐里，以使之尽可能与氧气隔绝。这同时也封闭了葡萄酒发酵时内部产生的二氧化碳，也有的酒厂会向其中注入二氧化碳。（有趣的是：由于二氧化碳是抗氧化剂，增强酸度，所以在装瓶时需要增加的亚硫酸盐浓度通常较低）。此外，新鲜的微起泡白酒通常含有较低的酒精度。所以，如果你有熟人喝白酒头痛的话，那他（她）也许更适合带有细微泡沫的酒。不幸的是，微起泡并不在葡萄酒标签上标注，所以请咨询你的侍酒师或葡萄酒商。

微起泡白酒

下面是一些偶尔或通常采用微起泡方式酿造的白葡萄品种。如果你刚刚读完 "大师班" 中关于酸度和矿质感的介绍，就会注意到，在清爽白葡萄酒的王国里，起泡与酸度往往密切相关。

阿比姆（贾给尔，Jacquère）
绿维特利纳（Grüner Veltliner）
密斯卡得（Muscadet）
白品乐（Pinot Blanco）
灰品乐（Pinot Grigio）
雷司令（Riesling）
苏瓦韦（Soave）
查科丽（Txakoli）
青酒（Vinho Verde）

微起泡举例

BROADBENT 青酒　葡萄牙青酒产区 $

青酒产区位于葡萄牙西北部，以生产低酒精度微起泡白酒而闻名，这种葡萄酒适合新鲜时饮用。酿造这类酒的葡萄品种，罗雷拉、塔佳迪拉和帕代尔纳（又称阿瑞图），并不像这个区域清爽、明快的风格那样知名。这种酒的酒精度只有 9%，具有柑橘皮、白桃和小苍兰的清香，适合在温暖的天气里午餐时享用。混合酒制造者、进口商巴塞洛缪·布罗德班用冷藏集装箱运送青酒以保持其新鲜度。"喜欢美国冰冻啤酒的人往往也喜欢青酒"，他这样描述。

BROADBENT
VINHO VERDE
DENOMINAÇÃO DE ORIGEM CONTROLADA
Product of Portugal

氧气的引入

如果存在一个词语与还原酿酒法相对应的话，那就是氧化酿酒。与微起泡新鲜白酒相对应的是顺滑、可口、富氧的白酒。若不是出现了密闭不锈钢罐、温度控制系统和惰性气体，在一个世纪以前，是不可能生产出今天这样的微起泡白酒的。当时，白酒与红酒的酿制作方法相同，效果也往往很糟糕。

虽然现代葡萄酒酿造运用了技术创新和无菌还原酿酒法，但敞开式酿酒法近年来开始日益盛行，因为传统的酿酒商掌握了白葡萄酒在敞口容器中的发酵技术。

在深入探讨之前，我们要注意"还原"和"氧化"这些词可能会与葡萄酒的缺陷相混淆。一种过度还原

的葡萄酒会散发出洋葱、橡胶或臭鸡蛋的味道；一种不小心受到氧化的葡萄酒呈现黄色，闻起来有强烈的雪利酒或醋的味道。我们将在第三部分讨论这些缺陷，后面还会介绍一些氧化葡萄酒中的极品，如黄葡萄酒和雪利酒。现在，我们说的是轻微氧化的白葡萄酒。如何才能知道你品尝的是有意氧化的白酒，而不是变质的酒呢？你可以通过金色的色调、丝滑的质感、愉悦的辛辣味和微妙的坚果香味来辨别。欣赏这种葡萄酒需要后天培养，所以如果你品尝了其中一款觉得不喜欢的话，不要有挫败感。

关于氧化型白酒

有意氧化型白酒如今风靡一时，这多亏自然葡萄酒运动的发起，该运动提倡回归过去几个世纪里的传统酿酒方法。但据葡萄酒进口商巴塞洛缪·布罗德本特所说，这种酿酒技术并不高级。也许出乎你的意料，"白葡萄酒是世界上历史最悠久的葡萄酒"，他告诉我。布罗德本特曾经品尝过 1670 年的葡萄酒，他回忆说："酒的颜色看起来不超过 10 年，非常新鲜，酒精度只有 6%，但状况极佳。"那么，一瓶将近 350 年的低酒精度白酒都能保持美味，而一款仅仅 2 年的葡萄酒在厨房台面上放一两天怎么就会变质呢？

还原法酿制的葡萄酒接触空气时会进入休眠状

态。但在酒窖中自由呼吸的白葡萄酒就具有对空气的耐受力。"防止房子烧毁最好的方法就是将木梁烧焦，因为把烧过的木头再次点燃是十分困难的"，布罗德本特解释道。同样，"在木桶中已经轻度氧化的葡萄酒，久而久之也很难变质"。讽刺的是，有意氧化的葡萄酒其实是需要好好享受空气的，因而在饮用之前的几个小时甚至几天前就将葡萄酒倒出来，就变得常见了。"当葡萄酒在木桶中放了很长时间以后，你再将它们装瓶，已经基本切断了它赖以生存的氧气供应，在你把它倒出来的时候它便复苏了"，布罗德本特说。

氧化型酒举例

CHATEAU MUSAR 白酒　黎巴嫩，比喀谷 $$

"美国允许葡萄酒商在酒中加入大约 50 种不同的添加剂。而黎巴嫩穆萨酒庄酒则不加任何东西"，布罗德本特说。他从黎巴嫩进口这款由本土葡萄品种敖拜德（与霞多丽类似）和默瓦（与赛美蓉类似）酿成的传统白酒。这款喜氧葡萄酒酿造后到上市前要等待 7 年，开启后的保质期为大约一周，室温饮用为佳。"我们出售的葡萄酒最早可追溯到 1954 年"，布罗德本特说。就这一点来说，这款酒与青酒是截然不同的。

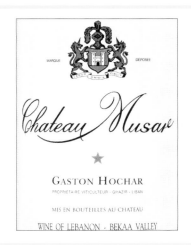

活泼芳香的白葡萄酒

活泼芳香的白葡萄酒

　　我们思索艺术，聆听音乐，舔食甜筒冰淇淋，养猫狗宠物，与我们的宝贝依偎，亲吻对我们重要的人。但我们每隔多久花时间满足一次我们的嗅觉器官呢？如果你常常在咖啡店或面包店门口停下来闻那儿的气味，如果你常常半路停下将鼻子埋在一大簇丁香花中，或者如果你是即使不打算买也会闻闻香瓜味道的那种人，那你一定愿意去了解芳香型葡萄酒家族。

　　你在这本书的各个部分都会发现一些十分芳香的白葡萄酒。对于这一类型，我们将范围限定为将香味、能量和风格复杂性相结合的白葡萄酒。如果清爽型白葡萄酒是 Arial Narrow 字体，饱满浓郁的白葡萄酒是 Gill Sans Ultra Bold 字体，那么活泼芳香的白葡萄酒就是 French Script（或者，起码是衬线体）。或者如果你喜欢用建筑术语的话，它们不是中世纪现代风格，也不是巴洛克风格，而是后现代风格：线条简洁，另辟蹊径，走出乎意料的奇异美味路线。

　　芳香型葡萄酒可与其他香料搭配。无论你是抽着丁香烟（谁还这么做？），还是在浏览一份含有新鲜茴香、迷迭香、柠檬香草、百里香或薄荷的菜谱，一杯芳香的白葡萄酒都应该放在触手可及的地方。同时，这类个性化的白酒也为像猪肉、鸡肉和饺子这样的中性食物增添了活力。豆腐的味道很难闻？那就闻闻杯中物的气味吧。你会在琼瑶浆酒中闻到荔枝的味道，在白品乐酒中闻到金橘味，在绿维特利娜葡萄酒中闻到猕猴桃的味道，在麝香酒中闻到百香果的味道，在雷司令酒中闻到绿苹果的味道，或者在灰品乐酒中闻到白桃的味道。你明白了：酒是为感觉，尤其是嗅觉而酿造的。

你会喜欢这类酒，如果：

· 你喜欢新摘花朵的香味；
· 你青睐于草本食物；
· 你痴迷于加香苹果酒。

专家的话

　　"参加傍晚的葡萄酒会，就从芳香型酒开始品尝吧：吃着流动供应的食物，喝着桑塞尔的长相思，或者津津有味地咀嚼着干火腿、就着极干型的阿尔萨斯雷司令。还有，绿椒鸡肉玉米卷搭雷司令？真令人难以置信。若你想缓解辣椒的辣味可以喝一口雷司令甜酒，如果你觉得不够辣那就喝雷司令干白。还有什么更好的搭配方式吗？阿尔萨斯的麝香葡萄酒搭配芦笋和黄油，灰品乐酒配小牛肉和奶油沙司，以及……"

　　美国纽约布鲁酒吧、布鲁食品店和布鲁戎餐厅的首席侍酒师兼葡萄酒采购，迈克尔·马德里加莱

搭配建议

龙虾	猪肉或 小牛肉砂锅	白鱼
新鲜草本沙拉	山羊奶酪	炒菜

价格指数

$	低于15美元	$$$$	50～100美元
$$	15～30美元	$$$$$	100美元以上
$$$	30～50美元		

酒品推荐

长相思 新西兰，马尔堡

你会感觉到刺草、葡萄柚果肉、醋栗和汗水的气味扑面而来。如果你花时间慢慢品尝新西兰的长相思酒，就会发现它的柔和可口。它不像桑塞尔长相思酒那样矿物质味丰富、甜美甘洌，但是它更为柔滑、有趣。

价格：
S~$$

酒精度：12.5%~14%

适饮时间：
酿造后 1~3 年

琼瑶浆 法国，阿尔萨斯

一直觉得琼瑶浆酒的油腻感令人费解，但这里的琼瑶浆酒会让你感觉像把手指插进了电源插口一样震惊。蛋白杏仁糖果！荔枝！玫瑰蔷薇！蜂蜜！姜！谁知道一种干白葡萄酒的味道还可以是这样的？现在你知道了。我得去叫救护车了。

价格：
S~$$$$

酒精度：13%~14%

适饮时间：
酿造后 1~15 年

绿维特利娜 奥地利，瓦豪

这种来自蓝色多瑙河的绿色瓶装白葡萄酒已经成为饭店葡萄酒单上的宠儿。具有芦荟、白胡椒和栀子花香味道，且价格不高，它被迅速售罄也是可以理解的。Gruner Veltiner（绿维特利娜）的押韵词是哪个？Groovy(绝妙的)。

价格：
S~$$

酒精度：12.5%~13.5%

适饮时间：
酿造后 1~3 年

灰品乐 美国，俄勒冈

这种葡萄在意大利称为柠檬灰品乐；在美国俄勒冈和法国则称为灰品乐。"灰"葡萄的皮是粉红色的，在多娜泰拉·范思哲着手改善它之前，它呈现的是古怪的香料和优美的水蜜桃香味。如今它完美体现出饱满、圆润的果肉本身风味，适合与任何食物搭配，当然东亚料理会是最佳拍档。

价格：
S~$$

酒精度：12.5%~13.5%

适饮时间：
酿造后 1~3 年

雷司令 德国，摩泽尔

这种葡萄在新世界葡萄酒产区很普及。标签令人讨厌地冗长、分类体制复杂的德国雷司令酒目前也很盛行。用不着多想，只管试一试吧。无论它们有多甜，其柑橘果香和活泼的酸度都适合搭配任何食物。

价格：
S~$$$$

酒精度：8%~13%

适饮时间：
酿造后 1~50 年

白诗南 南非，斯泰伦博什

正如法国卢瓦尔谷所展示的，白诗南是葡萄中的"粉红豹"（电影名），具有多种外观。南非葡萄酒商曾经用它生产"施特恩"，一种淡薄、适合一饮而尽的果味葡萄酒；如今，他们利用古法种植进行分芽繁殖，在每种酒里（从花香型开胃酒到餐后点心）都运用这种"变色龙"葡萄。

价格：
S~$$$$

酒精度：12%~14%

适饮时间：
酿造后 1~3 年

酒款介绍：MAHI MARLBOROUGH SAUVIGNON BLANC

基本情况

葡萄品种：长相思

地区：新西兰，马尔堡

酒精度：12.5%

价格：$$

外观：浅草黄色

品尝记录（味道）：春风里的草坪，糖渍柠檬，醋栗，酸橙薄片，白胡椒，鲜姜

食物搭配：配有萨尔萨蒜辣酱的烤鲯鳅鱼，鲜豌豆奶油宽面条，夹有芳提娜芝士和炒野韭菜、蕨菜或蒜薹的三明治，帕玛森芝士条，奶油芝士莳萝咸饼干加烟熏虹鳟鱼，热山羊奶酪脆沙拉

饮用还是保存：该酒具有活泼清新的水果风味，酿造后一到两年饮用最佳

为什么是这种味道?

曾经，品酒师们非常喜爱新西兰长相思。请注意，并不是因为它那新割草坪、葡萄果肉、醋栗和猫尿的气味，而是因为考试时能轻易地识别出来。

但是时代改变了。随着新西兰出现新的葡萄园，葡萄树栽培和葡萄酒酿造技术的改变，酒的风格也改变了。如今新西兰长相思系列包含更多的成熟热带水果风味，圆润的口感来自中性木桶（无明显的木头味）发酵。

虽然像马伊这样的酒厂并无意于模仿经典，仿照法国卢瓦尔谷具有白垩岩、燧石和柔和香草味的长相思酒，而是致力于酿造有自身特色的白酒。这些酒立足于质地，而不是过去几十年里夸张的"猫尿"味。抱歉，初级品酒师。

酿造者是谁?

在回到马尔堡席尔森酒庄任酿酒师和总经理之前，布莱恩·比克内尔在匈牙利、法国和智利的工作经历点缀了他在新西兰的酿酒生涯。2001年，比克内尔和他的妻子妮古拉创立了马伊酒庄，致力于开发马尔堡地区葡萄酒的多元化和深度。他们既生产单一葡萄园酒，也生产混合酒，园地采用有机、生物动力学或可持续耕种方式。他们只用自流葡萄汁，或葡萄榨汁机初次榨取的最纯的果汁酿酒，而向其他酒厂出售二道榨汁。多年的经验使比克内尔脱离了完全不锈钢容器发酵的马尔堡模式，保留一部分长相思在中性橡木桶中自然发酵。这为成酒带来了柔和的质地和精细的品质。

酒标解读

瓶盖
大多数新西兰长相思酒生产商采用螺丝帽密封，以保存白葡萄酒的新鲜风味。

酒名
Mahi是毛利语，意思是"我们的工艺"。

产区
虽然马伊也生产单一葡萄园长相思酒，这款酒却包含了整个马尔堡产区的葡萄，大部分出自较凉爽的怀劳谷西端。

酒精度
酒精度为13.5%，这是一款值得关注的芳香型白葡萄酒。

瓶身
色调暗淡的大瓶身提示这不仅仅是简单的畅饮型葡萄酒，也适合在晚餐时饮用。

标志
标志是由毛利族图腾改编而来的，这种设计基于幼蕨叶形状，象征着新生命和成长，也象征着见证这种葡萄酒从葡萄到装瓶这样一个像蜗牛一样慢的过程所必需的耐心。

MAHI MARLBOROUGH SAUVIGNON BLANC

为什么是这个价格？

新西兰设法制定出最佳的价格。这里的长相思酒价格与卢瓦尔的酒相当，就让智利和南非这样的新世界国家来填补市场价格的末端。大部分新西兰长相思酒的价格处在 15～30 美元的价格区间，这也并不意味着这种酒都值那么多钱。问问你的葡萄酒商：每公顷葡萄园生产多少吨葡萄？平均值大约是 13 吨，但是马伊葡萄园只有 10 吨。葡萄酒是在不锈钢罐中酿制的，还是有一部分经历了中性橡木桶发酵？酒厂每年生产 4 000 箱还是 400 000 箱？总之不要花 20 美元买一瓶借国家威望的政治影响力来获得质量保证的葡萄酒。要找像马伊这样经营着可持续种植葡萄园，并在葡萄酒酿造上投入时间和精力的生产商。

搭配什么食物？

长相思酒是一个特例，其绝妙的酸度和叶绿素香气（蕨类植物、香草、青草）的混合使它成为一种独特的葡萄酒：不仅仅是晚餐的理想搭配，也可以作为开胃酒，与奶油和草本食物都能搭配得很好。无论是蛋黄酱、山羊奶酪、蛋奶酥或者是乳酪酱，把它们堆在蔬菜上，茴香、莴苣、芹菜、欧芹、紫莴苣或者是卷心菜都行。凉拌菜调味沙拉？是的！墨西哥鱼肉卷凉拌卷心菜？可以！山羊奶酪配辣椒粉和莳萝壳？可以！龙虾卷配碎芹菜？现在，轮到你说了。

左图：马尔堡的葡萄园。马尔堡是新西兰最大的葡萄酒产区，出产芳香甘冽的葡萄酒。

最适食物搭配
鲜奶油韭菜薄馅饼

| 奶油调味汁 | 新鲜香草 | 海鲜 |

10 款最好的
从热烈到柔和的新西兰长相思酒

CLOUDY BAY	$$
DRYLANDS	$–$$
MAN O'WAR	$–$$
MILLS REEF	$
NAUTILUS	$–$$
PALLISER ESTATE	$–$$
SAINT CLAIR	$–$$
SERESIN	$–$$
WHITEHAVEN	$–$$
WOOLLASTON	$–$$

世界其他国家相似类型的酒

Didier Dagueneau, Silex
法国，卢瓦尔，普伊－芙美 $$$–$$$$$

Efesté, I Feral
美国，华盛顿，哥伦比亚山谷 $$

Miguel Torres, Las Mulas Reserve
智利，中央山谷 $

酒品选择

 专家个人喜好

由英国伦敦塞尔福里奇奇迹酒吧葡萄酒和烈酒采购者道恩·戴维斯推荐

 世界好酒推荐

 DOMAINE GÉRARD BOULAY, SANCERRE, MONTS DAMNÉS,（长相思）法国，卢瓦河 $$$

 DOMAINE DIDIER DAGUENEAU, BLANC FUMÉ DE POUILLY SILEX（长相思）法国，卢瓦尔 $$$$$

 CHAPEL DOWN, BACCHUS 英国，英格兰，肯特 $

 LUCIEN CROCHET, SANCERRE LE CHÊNE（长相思）法国，卢瓦尔 $$$

 KEN FORRESTER, THE FMC（白诗南）南非，斯泰伦博什 $$–$$$

 DOG POINT, VINEYARD SECTION 94 SAUVIGNON BLANC 新西兰，马尔堡 $$$

 FRANZ HIRTZBERGER, HONIVOGL SMARAGD GRÜNER VELTLINER 奥地利，瓦豪 $$$$

 JJ PRÜM WEHLENER SONNENUHR RIESLING KABINETT 德国，摩泽尔 $$$

 DOMAINE HUËT, VOUVRAY LE HAUT LIEU SEC（白诗南）法国，卢瓦尔谷 $$

 A CHRISTMANN KONIGSBACHER IDIG GROSSES GEWÄCHS RIESLING 德国，法尔兹 $$$$

 EGON MÜLLER SCHARZHOFBERGER, CHARZHOF（雷司令）德国，摩泽尔 $$

 WEINGUT CLEMENS BUSCH MARIENBERG FELSTERRASSE RIESLING 德国，摩泽尔 $$$

 RONCÚS, PINOT BIANCO 意大利，弗留利 – 威尼斯朱利亚，东高里奥 $$

 DOMAINE PAUL BLANCK SCHLOSSBERG RIESLING 法国，阿尔萨斯 $$$

 CLOS DU ROUGE GORGE, BLANC（马卡贝奥）法国，朗格多克 – 鲁西荣，卡塔朗地区 $$–$$$

 WEINGUT SCHLOSS GOBELSBURG, LAMM GRÜNER VELTLINER RESERVE 奥地利，坎普谷 $$$$

 TINPOT HUT, PINOT GRIS 新西兰，马尔堡 $

 DOMAINE ZIND HUMBRECHT HENGST GEWURZTRAMINER 法国，阿尔萨斯 $$$$

 DOMAINE WEINBACH, CUVÉE THÉO GEWRZTRAMINER 法国，阿尔萨斯 $$–$$$

 VERGELEGEN WHITE BLEND（长相思 / 赛美蓉）南非，斯泰伦博什 $$$

（括号里为葡萄种类）

有机、生物动力学或自然耕作园地酒

最佳性价比

BINNER, LES SAVEURS
（雷司令 / 西万尼 / 欧赛瓦 / 琼瑶浆 / 灰品乐）
法国，阿尔萨斯　$$

BONTERRA VINEYARDS, SAUVIGNON BLANC
美国，加利福尼亚，门多西诺，莱克郡　$

FRANÇOIS CHIDAINE, MONTLOUIS, CLOS DU BREUIL
（白诗南）法国，卢瓦尔谷　$$

CLOUDLINE, PINOT GRIS
美国，俄勒冈，威拉米特谷　$

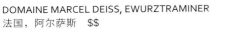

DOMAINE MARCEL DEISS, EWURZTRAMINER
法国，阿尔萨斯　$$

ERSTE & NEUE, WEISSBURGUNDER PRUNAR
（白品乐）意大利，上阿迪杰 / 南提洛　$

PASCAL JOLIVET, SANCERRE
（长相思）法国，卢瓦尔　$$

FUENTE SECA
（马卡贝奥 / 长相思）西班牙，雷格纳　$

COULÉE DE SERRANT, CLOS DE LA COULÉE DE SERRANT, SAVENNIÈRES
（白诗南）法国，卢瓦尔　$$$$

ALOIS LAGEDER, MÜLLER-THURGAU
意大利，上阿迪杰　$

KING ESTATE, SIGNATURE COLLECTION, PINOT GRIS
美国，俄勒冈　$$

LOIMER, LOIS, GRÜNER-VELTLINER
奥地利，坎普谷　$

MANINCOR, MOSCATO GIALLO
意大利，上阿迪杰　$$

MEYER-FONNÉ, GENTIL EDELZWICKER
（混合酒）法国，阿尔萨斯　$

NIKOLAIHOF, HEFEABZUG, GRÜNER VELTLINER
奥地利，瓦豪　$$

PEÑALOLÉN, SAUVIGNON BLANC
智利，卡萨布兰卡谷，里马黎谷　$

PACIFIC RIM, WALLULA VINEYARD RIESLING
美国，华盛顿，哥伦比亚山谷，马天堂山　$$$

CHATEAU STE. MICHELLE, DRY RIESLING
美国，华盛顿，哥伦比亚谷　$

KARL SCHAEFER, DÜRKHEIMER SPEILBERG, RIESLING
德国，法尔兹　$$

JL WOLF, VILLA WOLF, GEWURZTRAMINER
德国，法尔兹　$

大师班：有关甜度

我们都碰到过这样的事情：买了一瓶白葡萄酒，打开后发现比想像的更甜或更干。特别对于芳香型葡萄品种，比如雷司令、琼瑶浆、麝香、灰品乐或者白诗南，甜度的变化取决于葡萄成熟的时间和具体的酿造方法。怎么知道葡萄酒尝起来会是果味的、甜的、果味加甜的，还是仅仅是干的？

最简单的方法是（如果可以的话）向葡萄酒商或侍酒师寻求帮助。当听到即使是葡萄酒专家也抱怨葡萄酒标签上关于甜度的标注太缺乏了，你可能会感到惊讶。基于这一点，国际雷司令基金会制定出雷司令口感评级方法，如今有越来越多的评级结果标示在雷司令酒瓶的标签上，提醒消费者里面的葡萄酒是干的、半干、中等甜度还是甜的。

但对于除雷司令之外的芳香型白酒，或没有采用这种制度的酒厂，就比较难以捉摸了。这时，带有技术数据和详细说明的"技术页"就能派上用场了。如果你参观过酒厂品尝屋或浏览过一些酒厂的网站，你就会见到这样的"技术页"。你也许会觉得：这不是给我看的，是给专业人士看的。但如果酒厂公布了这些信息，为什么不作为参考呢？

不幸的是，即使拿着一份"技术页"，只从糖度数字上是看不出多少信息的。数字差异巨大，从少于 1 克 / 升（这种情况很少）到多于 400 克 / 升。这就又产生了新的问题，即使是高残糖度酒，当糖被高酸度平衡以后可能尝起来一点都不甜，而中等糖度的葡萄酒在酸度比较低、酒精度相对较高时却很甜。

依据国际雷司令基金会制定的雷司令口感评级方法，糖度水平低于或等于酸度水平的是干型酒；半干酒的含糖量可能是酸度的 2 倍；半甜酒中糖度可能是酸度的 2 ~ 4 倍；甜白酒含有高于酸度 4 倍的糖度。

记住这些是没有考虑酒精度和 pH 的一般准则。但这对于那些想要初步了解甜度的人还是非常有用的。我们将借助下一页的技术页来破解白葡萄酒的甜度水平。

如何识别这些要素

① 别以为一个葡萄品种总是一种特定的口味。在卢瓦尔谷，武弗雷生产的白诗南有果香味，口味微甜，而萨韦涅尔白诗南酒则是干白型。南非的白诗南趋于活泼清爽。别担心，你不用记这些。但要勇于提问："这是甜的，干的还是介于二者之间？"

② 对于最甜的葡萄酒比如餐后甜酒，我们会在标签上发现这些术语：晚收，冰酒，晚摘，芳醇，甜烧酒，丽巧多，贵腐粒选酒。还有很多，我们将在有关"甘甜的白葡萄酒"一节中着重介绍德国、澳大利亚、匈牙利和法国卢瓦尔谷的葡萄成熟度分级制度。

③ 如果你有兴趣再探究得深一点，看看酒厂的品尝屋或网站上的技术页。这些数据包含了帮你破译酒的口感的线索。但是记住"克 / 升"的含糖量是相对而不是绝对的数字。我们将在下一页破解一份技术页。

了解技术页

酿造方法

我们之前也许已经品尝过雷司令，或者是琼瑶浆。但我们可能不熟悉欧赛瓦。让我们来看看关于这种葡萄酒口味的线索吧。首先，我们知道它是在不锈钢罐里酿造的，提示这种酒没有橡木味或黄油味。

葡萄酒名称

标签（此处转载）只告诉我们这种酒来自阿尔萨斯。"Fleur de Lotus"是酒厂为这种特别的混合酒制定的专有、唯一的名称，但并没有关于口味的信息。我们需要从技术页中推导出更多有关这种酒的信息。

VINS D'ALSACE JOSMEYER

有机、生物动力学种植的葡萄酿出的葡萄酒

A.O.C. ALSACE FLEUR DE LOTUS 2009

葡萄品种含量（混合酒）

60%~65%的欧塞瓦（主体），30%~35%的琼瑶浆（提供香料味和脂滑感）和5%的雷司令（带来酸度和回味），完全在不锈钢罐里酿造。

葡萄

风土：产区处于万泽内姆和图克汉之间，费什特河平坦的沉积物淤积层富含黏土（22%）。这里的土壤以沙子为主，带有大量鹅卵石和黄土胚的瓦石淤泥。葡萄园生产出的葡萄酒具有柔和的肉质口感。

树龄：平均35年。

品种：品乐、琼瑶浆、麝香和雷司令。

葡萄酒

糖度：8克/升

酒精度：12.5%

酸度：4.5克/升（酒石酸度）

产量：6 500升/公顷

品酒：闻起来有花香和胡荽的气味。口中果肉感丰富，结构丰满，具有辛香气息和清新的回味。是一款平衡完美的葡萄酒。

糖度

8克/升好像是很多糖。毕竟很多葡萄酒只含有不到1克/升的量。这可能是半甜型葡萄酒吗？

品尝记录

呃……品尝记录中描述这款混合酒有花香和辛香味，但没提糖度。那就该看数字了。

葡萄品种

噢，不！我们现在真的混淆了葡萄品种。在阿尔萨斯欧赛瓦葡萄被称为某种"品乐"。上面并没提到过麝香葡萄。葡萄酒商忙于制作葡萄酒，以至于不是总有时间校对技术页！我们最好以描述和数字为依据。

酸度

现在可以真正运用侦查技巧了。如果用8克/升的含糖量除以4.5克/升的酸度，得到1.8……表明这种酒是不怎么甜的半干型酒。

大师班：推荐六款酒

　　雷司令总是甜的？再想一想。不同的种植区域和酿酒技术将同一葡萄品种酿造成不同表现的系列葡萄酒。为使你对全世界的芳香型葡萄酒不同的酿造类型有个大概的了解，这里列出了一些可以和朋友一起尝试的酒款。如果你查阅技术页，可能会对你的发现感到惊讶。记住酒精也是一个重要因素：与高酒精度伴随的甘油会大大强化甜味的感觉。

PIERRE SPARR RÉSERVE
（灰品乐）法国，阿尔萨斯　　$$

备选
DOMAINE SCHLUMBERGER
LES PRINCES ABBÉS
（灰品乐）法国，阿尔萨斯　　$–$$
HUGEL TRADITION
（灰品乐）　　法国，阿尔萨斯　　$

半甜型

DOMAINE HUËT
VOUVRAY CLOS DU BOURG SEC
（白诗南）法国，卢瓦尔谷　　$$–$$$

备选
DOMAINE DES AUBUISIÈRES CUVÉE DE
SILEX（白诗南）法国，卢瓦尔谷，武弗雷　　$–$$
FRANÇOIS PINON LES TROIS ARGILES
（白诗南）法国，卢瓦尔谷，武弗雷　　$$

半干 / 半甜

J HOFSTÄTTER
JOSEPH WEISSBURGUNDER（白品乐）
意大利，上阿迪杰　　$–$$

备选
KELLEREI-CANTINA ANDRIAN（白品乐）
意大利，上阿迪杰　　$
SCHIOPETTO COLLIO（白品乐）
意大利，弗留利 – 威尼斯 – 朱利亚　　$$

干型

PIKES TRADITIONALE（雷司令）
澳大利亚，克莱尔谷　　$$

备选
BETHANY（雷司令）
澳大利亚，伊甸谷　　$$
ELDREDGE VINEYARDS（雷司令）
澳大利亚，克莱尔谷　　$$

干型

TEDDY HALL SYBRAND MANKADAN
（白诗南）　　南非，斯泰伦博什　　$

备选
MULLINEUX KLOOF STREET（白诗南）
南非，黑地　　$–$$
PAINTED WOLF THE DEN（白诗南）
南非，西开普　　$

干型

PONZI PINOT GRIS
美国，俄勒冈，威拉米特谷　　$$

备选
ADELSHEIM PINOT GRIS
美国，俄勒冈，威拉米特谷　　$$
CHEHALEM 3 VINEYARD（灰品乐）
美国，俄勒冈，威拉米特谷

干型

如何侍酒

如果你想感知甜度，温度很重要，因为较暖的葡萄酒尝起来较甜。所以保证将所有的葡萄酒冷却到同一温度——凉爽但不冰冷，并将它们同时从冰箱里取出。可能的话，提供足够的玻璃杯以便同时品尝所有的葡萄酒（或许你的客人可以自带他自己的 6 只玻璃杯）。然后，让你的朋友们按照从干到甜的顺序排列杯子。这些葡萄酒相较如何？

如何评酒

品尝时，你可能会听到"这酒的 RS 是多少？"这样的问题。RS 指残留糖。在德国，具有 0~9 克 / 升残糖的酒是干酒。但是德国葡萄酒往往具有很高的酸度，平衡糖分，记住这一点也很重要。"这酒的 TA 是多少？"是另一个好问题。如果 TA，或者说总酸度，与 RS 大约相当或高于 RS 的话，葡萄酒尝起来就是干的。

感官感受

酒精是一个重要的参与者。含有 80 克 / 升残糖的德国雷司令酒如果具有高酸度和低酒精度的话，尝起来只有简单的果味。阿尔萨斯灰品乐酒的酒精度为 13.5% 或更高的话，尝起来会很甘甜。如果葡萄酒沿杯壁慢慢滑下，具有油性质地并使舌头上产生灼烧感，那你就知道这款酒具有高的酒精度。

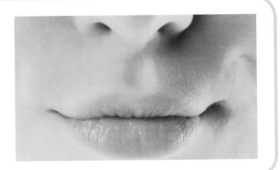

食物搭配

点一盘大份寿司，一定要额外加腌姜和芥末酱。这些调料与每种葡萄酒搭配都很有趣。是否最甜或酒精度最高的葡萄酒减弱了芥末酱的强烈刺激？哪种与生姜最配？哪种与辛辣的金枪鱼卷最合适？哪种与牛油果卷最匹配？

大师班：趋势如何？
充分考虑甜味和果味

德国的 BN 到 GG

一切都始于"蓝仙姑"（BN）。如果在 20 世纪 50 年代和 80 年代中期之间的任何时间里你处于适饮年龄的话，你就知道我在说什么。liebfraumilch，如果你不想为该词的翻译太伤脑筋的话，就称之为"圣母之乳"，一款用雷司令与穆勒图格葡萄混酿的芳香型酒。这种纤细的蓝瓶装酒温和、清淡、甜柔，可与多种食物搭配。该酒长时间地盛行让德国葡萄酒酿造者头疼了几十年。尽管如今她变得更干爽而微妙，但其确实影响了一代饮酒者，声称"我不考虑雷司令，对我来说太甜了"。

对于许多婴儿潮一代人，所有的雷司令都是德国的，因而，所有的德国葡萄酒都是甜腻的。但如果你对德国最好的雷司令剧烈的酸度和矿物质感有所了解，你的感觉离甜味就越远。的确，很多德国最好的雷司令酒残糖度都很高，但是都得到了平衡。幸而，时代改变了。喝"蓝仙姑"代人的后辈开始崭露头角，他们非常喜欢德国雷司令。新的名词 Grosses Gewächs（特级葡萄园）或者是酷小孩所说的"GG"，这个指定名称针对最好的单一葡萄园酒，最热的类型是干或极干的瓶装酒。如果可以的话尝一尝吧，你将惊讶于其可口的矿物质味。

德国传奇

无论你说什么，都别把"甜味"和恩斯特·露森联系在一起。这个超强大的生产商用他优雅的单一葡萄园瓶装酒和便宜的"L 博士"雷司令酒，将露森博士酒庄推到了葡萄酒世界的前沿；他还拥有 J. L. 沃夫酒厂，酿制更干爽的德国雷司令和灰品乐酒。他与华盛顿州的圣密夕酒庄合作，创建了国际雷司令酒集合地，他还是位于俄勒冈的 J. 克里斯多夫酒厂的共有人。但尽管成就卓著，露森也感到很难向人们解释清楚酒的口味。"坦白说，没人愿意谈论甜度。这就是问题。"露森说，"说到甜味，我们就会想到餐后甜酒。"露森向酒厂参观者描述国家的葡萄酒分级制度。在德国，Kabinett 表示珍藏级质量的雷司令；Prädikats 表示晚收雷司令酒；Auslese 表示从晚收的葡萄中挑选最干的枝串酿造的酒。"在新世界国家的澳大利亚、加拿大或美国，当人们说'late harvest'，指的就是甘甜的甜点类型的葡萄酒。"露森指出，"但德国的 Spätlese 则是完全不同的一个类型，它仅仅是一个晚收的日期。如果我要谈论甜葡萄酒，人们就会想到餐后酒。他们会想到波特酒、索泰尔讷酒或圣桑托酒。但在德国，即使是 Auslese 也没那么甜。所以我不说甜味，这会导致误解。我会说'果味'。"

轻松品尝葡萄酒

· 别相信你的鼻子。一种干型酒如果含有很多甘油和酒精，闻起来也会很甜。

· 不要只考虑残留糖度，葡萄酒如果没有酸度，味道会非常甜，但我告诉你，含有 50 克 / 升残留糖的葡萄酒如果含有 12 克 / 升的酸度，尝起来会是半干的。

· 酒精度越高，葡萄酒给人的口感就越甜美。因为 1 克甘油尝起来比 1 克蔗糖甜 10 倍。索泰尔讷甜白酒具有非常低的酸度和高酒精度，所以尝起来比较甜。

· 对于珍藏和晚收雷司令葡萄酒，我避免用"甜"这个词，我会说"充满果汁感"。这些葡萄酒尝起来像咬一个新鲜的苹果或者白桃，具有清新的水果味。

新西兰长相思酒中的果味演变

当我们想到葡萄酒里的"水果"时，往往会想像那个典型的，装满桃子和梅子、苹果和橙子、樱桃和其他浆果的聚宝盆。对于新西兰长相思酒，酿酒者布莱恩·比克内尔称之为"直接的新鲜果味类型"，充满醋栗、酸橙、新割青草和葡萄柚的气味。也许还有前述的臭名昭著的猫尿味。这种风格既不很诱人也不令人讨厌。它对像比克内尔这样的酿酒者来说是个谜，他试图将这些口味分离并重组。"它依赖个人口味。"他说，"但这种直接的果味清香不是我特别喜欢的。""1989 年当我开始做葡萄酒的时候，大多数新西兰酒厂都在奥克兰。"比克内尔回忆道。收

获季节，水果都堆在冷藏运货汽车的后部，经过 16 小时运送到酒厂。在此过程中葡萄皮不可避免会开裂，由于这种无意的、长时间的葡萄皮浸渍而生成的味道非常强烈，或者如比克内尔所说的"明显"。随着时间的推移，葡萄酒厂开始在马尔堡葡萄酒乡村的中心建立，解决了运输途中无意的浸皮问题。当葡萄种植者学会了选择性地修剪枝叶将果实暴露在日晒中，便迎来了风格转型的又一大步。这种仔细的枝叶修剪使成品葡萄酒产生了更多、更成熟的热带水果风味，并减少了些青草味。

酿造实践的转变

新西兰葡萄酒商发现长相思酒常会出现猫尿味，或汗味。因此葡萄种植者开始仔细研究在收获前应该施入多少氮肥，而酿酒商则在考虑如何削减 YAN——用来稳定发酵葡萄酒的酵母同化氮素添加剂，比克内尔告诉我。因为氮肥就是氨水，而氨水是尿液和汗水的成分（很抱歉）。比克内尔将葡萄园有机耕种作为解决该问题的方法，在葡萄园，他用海草作为肥料；在酒厂，他使用有机的氨基酸酵母补充物。比克内尔使用的另一个使长相思酒口感顺滑的方法是令一部分酒在木桶里自然发酵。让自然酵母或"野生"酵母启动发酵，这在自然葡萄酒爱好者中颇受推崇（见"清

淡而清新的红葡萄酒"一节）。比克内尔发现这种做法有助于葡萄酒产生更复杂的风味。典型的马尔堡长相思酒是采用还原酿酒法在冷冻的不锈钢容器中制成的，以保存那些几乎要从你的玻璃杯里跳出来的新鲜水果的味道。在允许加热的中性橡木桶中进行的氧化酿酒法，赋予了葡萄酒醇美的香气和顺滑的质地，"区别就像制作西班牙凉菜汤和制作番茄酱"，比克内尔解释道。

品尝出其中的差别

了解了这些不同的类型，品尝两款用不同方法制作的 NZSB（新西兰长相思酒）。让我们来看看凯文·贾德的"硬砂岩"酒，贾德是世界著名的云湾酒庄的奠基酿酒师。品尝贾德的两款长相思酒：一款由还原法酿造，果香浓郁；另一款由氧化法酿造，显得深沉。两款酒都很棒，就像连续听两首 "Islands in the Stream" 一样。先听桃莉·巴顿 - 肯尼·罗杰斯版本，得承认：会情不自禁地跟着用足尖打起拍子。现在来听菲丝特与加拿大康斯坦丁摇滚歌手合作的版本，那么原汁原味，那么真实而哀伤，让你不得不思考起人生的意义。好的，现在你准备好品尝了。

GREYWACKE, SAUVIGNON BLANC, MARLBOROUGH
新西兰 $$

带着青草味，活泼、热情；还有着葡萄柚皮、酸橙皮和浓烈的醋栗气息；新切的茴香味道。想像一下：身着金属亮片礼服的桃莉，乳沟外露；头发浓密的肯尼，穿着燕尾服；灯光闪烁，气氛沸腾，人群疯狂起来。

GREYWACKE, WILD SAUVIGNON, MARLBOROUGH
新西兰 $$-$$$

这款酒上市前要陈年两年以上，具有顺滑、油脂般的黏性质地；香料、烟熏及生姜的气味；酸度不明显。想像一下：菲斯特，素颜乱发，身着北极滑雪衫；乐器旁的小伙子们穿着黑色的牛仔和紧身的 T 恤。人群一边摇摆一边无声的哭泣，深陷其中。

浓郁醇厚的白葡萄酒

浓郁醇厚的白葡萄酒

这个世界有可爱的大白鲨，也有可爱的白葡萄酒霞多丽。无论在哪里，三星级米其林饭店还是加油站便利店，你都能找到这种地球上种植区域最广、产量最多的白葡萄品种霞多丽。霞多丽酒为什么如此受欢迎？因为它是白酒，不会把你的牙齿染成紫色或使口中有干涩感；因为它华丽且可尽情饮用；还因为它很容易找到和品评。

在过去的几年里，喜欢软木塞葡萄酒的人开始不切实际地看不起诸如霞多丽酒这样大酒体的白酒（当然，如果人人都喜欢就显得不酷了）。但是就像打地鼠游戏一样：无论你把这种优质白葡萄酒打压下去多少次，它总会在其他地方冒出来。比如智利、以色列或墨西哥。我说印度了吗？顺便提一下，所有这些地方都在近岸的水里发现了某种冷血食人鱼。是巧合吗？我可不这么认为。

勃艮第的霞多丽酒如此顺滑可口，以至于让人甚至想去借高利贷，以便能每天享用。这种酒让人不得不提起大鲸鲨：有70年的寿命，虽然与食肉动物同游，却有着仁慈的灵魂。

其他凶猛的烈性白酒还包括来势汹汹的玛萨妮、阴险的维欧尼、迷人的赛美蓉、汹涌的托伦特斯、堡垒般的菲亚诺、强大的法兰娜。这些酒通常酒精含量高，具有光滑的质地，富有橡木味，与它们相比，轻淡的葡萄酒都会黯然失色。这些葡萄酒都颇有威力。

不要回避这样的强劲白酒，不要完全听从那些建议你躲开它们的人。大胆地面对它们，但是千万要搭配食物一起享用。用饥饿配烈性酒？这可是个糟糕的组合。

你会喜欢这类酒，如果：

· 你认为自己适合喝红葡萄酒；
· 你喜欢焦糖奶油那样丝滑甜蜜的口感；
· 你偏爱中等口味的食物，像奶油意面、浓汤或烤家禽。

专家的话

"浓郁的白葡萄酒与禽类野味和像猪肉这样的轻质红肉搭配很棒。在吃珍宝蟹的季节里我尤其喜欢矿物质味丰富的加利福尼亚霞多丽，或用老藤赛美蓉酒搭配鲟鱼、扇贝一类的海鲜。这些葡萄酒能够搭配的食物范围相当广泛。它们的基本特征之一就是热情，在天气转冷时这一点能增加它们的吸引力。"

美国加利福尼亚纳帕谷圣赫勒拿，普雷斯餐厅侍酒师，凯丽·怀特

搭配建议

烤坚果	甜辣酱/蜜饯	多脂鱼
冬季蔬菜	咸奶酪	异国香料

价格指数

$	低于15美元	$$$$	50～100美元
$$	15～30美元	$$$$$	100美元以上
$$$	30～50美元		

酒品推荐

霞多丽 澳大利亚，玛格丽特河

如果你认为霞多丽是勃艮第或加利福尼亚唯一的葡萄品种，请再考虑一下。如果你认为澳大利亚霞多丽酒都是凤梨、橡木和奶油爆米花的味道，那你一定是没注意。澳大利亚的葡萄酒商在与其他新世界国家的生产商一起，探索世界上最受欢迎的白葡萄的质地和神韵。

价格区间：
S–SSSSS

酒精度：12.5%～15%

适饮时间：
酿造后 1～5 年

★

法兰娜 意大利，坎帕尼亚

处于意大利长靴的踝关节位置的坎帕尼亚，在古希腊罗马时期是一个繁荣的葡萄酒生产区域。这里永恒的葡萄品种包括强健的草本味白葡萄，如菲亚诺、托福格来克和法兰娜，其中法兰娜因其诱人的坚果、成熟水果和海水咸味为古代罗马人所喜爱。虽然这种葡萄通常在不锈钢容器中酿造，但仍然是一款重量级葡萄酒。

价格：
S–SS

酒精度：13%～14%

适饮时间：
酿造后 1～10 年

马尔萨讷 法国，罗讷

收藏者愿意为埃米塔日白酒支付大价钱，这是一种采用马尔萨讷葡萄并用橡木桶酿造的酒，具有香料、柑橘、坚果和生姜的芬芳气味，随时间逐渐演变成金黄的蜡色，口感逐渐趋于甜蜜。这种酒的异香使之适合与辛辣的食物搭配，其丝滑的口感能够削弱红辣椒的辣味。

价格：
S–SSSSS

酒精度：
13%～16.5%

适饮时间：
酿造后 2～20 年

赛美蓉 南非

赛美蓉曾经是南非的标志葡萄品种，在该国所有的葡萄园都有种植。如今虽然变成补充品种，但那些保存下来的葡萄树古老而充满个性。葡萄酒通常经过木桶陈年而获得乳脂质地和丰富坚果味。其他出产赛美蓉的热点地区包括：法国波尔多、澳大利亚和美国的华盛顿。

价格：
SS

酒精度：13%～14.5%

适饮时间：
酿造后 1～10 年

特浓情 阿根廷，萨尔塔

特浓情是一种特别的南美葡萄，在高海拔的安第斯山脉山麓兴旺繁荣。虽然 914.4～1 828.8 米的海拔高度令我们感到气喘，它却为特浓情葡萄带来了热带花果的迷人香气。

价格：
S–SS

酒精度：12.5%～14.5%

适饮时间：
酿造后 1～3 年

维尼欧 美国，加利福尼亚

令人陶醉的维尼欧香气浓郁，统治着法国罗讷河北部的孔得里约产区，也是美国西海岸到处都是的霞多丽酒的强劲竞争对手；它在澳大利亚、阿根廷、南非和智利也很盛行。通常酒精度较高，标志性的就是其白花和核果香气。

价格：
S–SS

酒精度：13%～14%

适饮时间：
酿造后 1～3 年

酒款介绍：LEEUWIN ESTATE PRELUDE VINEYARDS MARGARET RIVER CHARDONNAY

基本情况

葡萄品种：霞多丽

地区：西澳大利亚，玛格丽特河

酒精度：14%

价格：$$–$$$

外观：浅金色

品尝记录（味道）：凉爽的矿物质味，振奋人心的梨香味，焦糖蛋奶和柠檬马鞭草的滋味，余味中有生鲜姜味和可口的酸度，丝滑，口感奢华

食物搭配：烤安康鱼，烤西兰花或菜花，配有芝士和无花果的香肠帕尼尼，摩洛哥蔬菜炖肉

饮用还是保存：上市（酿造后两年）即刻饮用，最多保存 8 年

为什么是这种味道？

距离印度洋非常近的澳大利亚西南角上，露纹酒庄享有沿海典型的地中海气候，气温总是不高也不低。由于土壤贫瘠多碎石，作物产量自然较低，也很少经历可以促进葡萄树开花、益于结果的寒流。这里的霞多丽采用门多萨种植方式，大多数会出现落果状况，或者会在同一葡萄枝上结出大小果。所有这些因素都使得最终孕育出的果实强劲可口。

在过去的几十年里，澳大利亚酿酒商倾向于通过收获过熟的果实来增加酒的产量，在烤过的新橡木桶里陈年，进行完全的苹果酸乳酸发酵（木桶酿造的白葡萄酒经历二次发酵），以产生黄油爆米花的味道。和其他新世界霞多丽产区一样，这里出现了新的风格。酿酒商保罗·阿特伍德通过比以往稍早一些采摘使酒获得了清新的口感，而且反在酸度特别高的年份进行苹果乳酸发酵。他用柔和风干的木桶发酵和陈酿葡萄酒，并定期搅动酒泥以获取顺滑口感，酿出丝滑淡雅的葡萄酒。

酿造者是谁？

1972 年，富有传奇色彩的加利福尼亚酒商罗伯特·蒙大卫出现在家门口，要求买下他们的畜牧场，当时丹尼斯和妻子曲西亚·霍根正在考虑使他们的畜牧场多元化发展。蒙大卫认定玛格丽特河是一个非常有潜力的葡萄种植区域，确信露纹酒庄拥有该地区最好的风土。霍根夫妇拒绝了他的要求，但他们成了朋友，蒙大卫建议这对夫妇清理土地，在古老的碎石土壤上种植葡萄树。如今，露纹酒庄也因其主题音乐会而出名，但我更喜欢它不那么引人注目的出产，那就是序曲园瓶装酒。

酒标解读

瓶盖
现在大多数澳大利亚霞多丽酒都采用螺丝帽瓶盖，以保存这类葡萄酒新鲜的热带水果香气。

瓶身形状
绿色的勃艮第风格的斜肩酒瓶标志着这是霞多丽酒。

生产商
露纹酒庄位于距离露纹－纳多鲁列斯国家公园以南 16 090 米左右的地方，沿着西南海岸线延展，以露纹－纳多鲁列斯山脉为地标，该山脉可以保护葡萄园免受猛烈的海风侵袭。

葡萄产地
"序曲园"并不确切指一个单独的具体的地方。它是专有名称，所有的葡萄其实都来自露纹酒庄葡萄园。

酒精度
这是一款高度酒，具有 14% 的酒精度。

产区
玛格丽特河是西澳大利亚西南部的一座半岛。

LEEUWIN ESTATE

PRELUDE VINEYARDS

MARGARET RIVER

CHARDONNAY

2010

14.0% vol   WINE OF AUSTRALIA   750mL

LEEUWIN ESTATE PRELUDE VINEYARDS
MARGARET RIVER CHARDONNAY

为什么是这个价格？

作为澳大利亚最著名的生产商之一，露纹酒庄可以高价出售其艺术系列的霞多丽酒（$$$$）。序曲园瓶装酒的果实来自较年轻的葡萄园区，这里的葡萄具有年轻果实的突出风味。这些瓶装酒比艺术系列酒少了些新橡木味，为即饮型酒。

搭配什么食物？

枕头般柔软的霞多丽酒适合搭配同样具有柔滑质地的食物，如丰润的酱汁或土豆泥。序曲园酒中的鲜明的水果和生姜味与将甜味和辣味相结合的特色菜肴搭配完美，比如中东的鹰嘴豆炖杏。它淡淡的烘烤味可以作为像炒坚果或烟熏鲑鱼这类烘烤风味的一种补充。焦糖味冬季蔬菜也都是正确的选择，别忘了在里面拌点香料。

10款最好的
令人大开眼界的澳大利亚霞多丽酒

BINDI	$$$$
CULLEN	$$$$
FIRST DROP	$$
GIANT STEPS	$$$
HEGGIES VINEYARD	$$
HILL-SMITH ESTATE	$$
ROBERT OATLEY	$–$$
PLANTAGENET	$$
WOLF BLASS	$
THE YARD	$$–$$$

全世界其他国家相似类型的酒

Bergström, Sigrid
美国，俄勒冈，威拉米特谷 $$$

Domaine Philippe Colin, Chassagne-ontrachet 1er Cru Les Chenevottes
法国，勃艮第 $$$$

Elena Walch, Cardellino
意大利，上阿迪杰 $$

最适食物搭配
有肉豆蔻、烤榛子和脆鼠尾草的意大利云吞

家禽　　　甜薯　　　香料

左图：澳大利亚佩斯以南的一座温带沿海地区葡萄园，为露纹酒庄序曲园霞多丽酒提供葡萄的典型葡萄园。

酒品选择

 专家个人喜好
由澳大利亚梅里韦尔侍酒师团队中的大师级侍酒师弗兰克·莫罗推荐

 世界好酒推荐

 BONNY DOON, LE CIGARE BLANC
（白歌海娜／胡姗）美国，加利福尼亚，蒙特利郡　$

 LAROCHE, CHABLIS GRAND CRU LES BLANCHOTS RÉSERVE DE L'OBÉDIENCE（霞多丽）
法国，勃艮第　$$$$

 ARNALDO CAPRAI, GRECANTE GRECHETTO DEI COLLI MARTANI
意大利，翁布里亚　$–$$

 WILLIAM FÈVRE, CHABLIS GRAND CRU LES CLOS
（霞多丽）法国，勃艮第　$$$$

 ÁLVARO CASTRO（QUINTA DA PDLLADA），BRANCO RESERVA
（依克加多／塞西尔）葡萄牙，道斯区　$–$$

 ALBERT GRIVAULT, MEURSAULT PREMIER CRU CLOS DES PERRIÈRES（霞多丽）
法国，勃艮第　$$$$

 YVES CUILLERON, LES CHAILLETS, CONDRIEU（维欧尼）
法国，罗讷北部　$$$–$$$$

 DOMAINE LEFLAIVE, PULIGNY-MONTRACHET PREMIER CRU LES PUCELLES（霞多丽）
法国，勃艮第　$$$$$

 R LÓPEZ DE HEREDIA, VIÑA GRAVONIA BLANCO RESERVA
西班牙，里奥哈　$$

 RAMEY HYDE VINEYARD CHARDONNAY
美国，加利福尼亚，纳帕谷，卡内罗斯　$$$$

 KUMEU RIVER, MATÉ'S VINEYARD CHARDONNAY
新西兰，奥克兰　$$$

 MOUNTADAM VINEYARDS, HIGH EDEN CHARDONNAY
澳大利亚南部，伊顿谷　$$$

 CLOS MOGADOR, NELIN
（白歌海娜混合酒）西班牙，普里奥拉托，加泰罗尼亚　$$$

 PENFOLDS, YATTARNA BIN 144 CHARDONNAY
澳大利亚南部　$$$$

 PLANETA, LA COMETA（菲亚诺）
意大利，西西里岛　$$

 M CHAPOUTIER, ERMITAGE BLANC DE L'ORÉE（马尔萨讷）
法国，罗讷北部　$$$$$

 DOMAINE ANDRÉ ET MICHEL QUENARD, CHIGNIN BERGERON
（胡姗）法国，萨瓦　$–$$

 DOMAINE DE CHEVALIER BLANC
（长相思／赛美蓉）法国，波尔多，格拉夫　$$$$

 TYRRELL'S WINES VAT 1 SEMILLON 澳大利亚，新南威尔士州，猎人谷 $$$–$$$$

 SADIE FAMILY, PALLADIUS
（维欧尼／霞多丽／白诗南／白歌海娜）南非　$$$$

（括号里为葡萄种类）

备选酒

BOUTARI, WHITE
（艾喜康）
希腊，圣托里尼岛　$–$$

CIAVOLICH, ARIES
（佩科里诺）
意大利，阿布鲁佐，佩斯卡斯山　$$

DOMAINE BRU-BACHÉ, JURANÇON SEC
（大满胜）法国西南部，朱朗松　$$

DOMAINE JEAN-LOUIS CHAVÉ,
HERMITAGE BLANC（马尔萨讷 / 胡姗）
法国，罗讷北部，埃米塔日　$$$$$

DONKEY & GOAT, UNTENDED CHARDONNAY
美国，加利福尼亚，安德森谷　$$–$$$

BOEKENHOUTSKLOOF, SÉMILLON
南非，西开普，弗兰谷　$$

LA MIRANDA DE SECASTILLA（白歌海娜）
西班牙，亚拉贡，索蒙塔诺　$–$$

ANDREW RICH VINTNER, CIEL DU CHEVAL
VINEYARD ROUSSANNE
美国，华盛顿，哥伦比亚谷　$$

CHÂTEAU LA ROQUE, CLOS DES BÉNÉDICTINS
BLANC［罗勒（维蒙蒂诺）/ 马尔萨讷 / 胡姗］
法国，郎格多克　$$

CHÂTEAU TOUR DES GENDRES,
CUVÉE DES CONTI SEC（赛美蓉 / 长相思 / 密思
卡岱）法国西南部　$–$$

最佳性价比

CRIOS DE SUSANA BALBO,
TORRONTÉS
阿根廷，卡法亚谷　$

DOMAINE GRAND VENEUR
CÔTES DU RHÔNE BLANC
（胡姗 / 维欧尼 / 克莱雷特）法国，罗
讷河　$

CHÂTEAU GRAND VILLAGE BLANC
（赛美蓉 / 长相思）法国，波尔多　$

FEUDI DI SAN GREGORIO,
FALANGHINA
意大利，坎帕尼亚，桑尼奥　$

MAS CARLOT,
CLAIRETTE DE BELLEGARDE（克莱雷特）
法国，罗讷　$

MIL PIEDRAS, VIOGNIER
阿根廷，门多萨省，优克谷　$

NITÍDA, SÉMILLON
南非，得班山谷　$–$$

PALAZZONE, ORVIETO CLASSICO
（普罗卡尼可 / 维尔德约 / 格莱切多 / 珠
佩吉欧 / 莫瓦西亚）意大利，翁布里亚　$

HENRI PERRUSSET, MÂCON-VILLAGES
（霞多丽）法国，勃艮第　$–$$

RESSÒ, GARNACHA BLANCA
西班牙，加泰罗尼亚　$

大师班：有关热（Hot）

需要想出些新词来替代"热"（hot）这个词，因为它有太多的含义了。想一想它的关联词：烤箱、太阳、伯斯特·波因德克斯特的唱片、暖气片、沙漠、保罗·怀特曼和他的管弦乐队、营火、通布图、红辣椒、昨天烫伤我手的热茶、放射性、帕丽斯·希尔顿、猪流感、更年期、车辆满载过路费、反串、夏威夷歌剧院、小偷、电炉，继续说的话还有热交换、过热轴承箱、温床、热狗、温泉、热管、热气球、热区、风火轮、热点以及"迷恋"。

现在在脑子里留点空间给我们词汇表里过度使用的这三个字母另一个含义吧。是时候沉浸在奥埃诺语定义的"hot"中了。当一款葡萄酒酒精度过高（或者只是嘴巴的感觉如此），你也许会把这种感觉称为"hot"，因为它在口中产生了一种灼烧感。想像这种声音：喝一口高酒精度葡萄酒，张大嘴巴发出"啊……"的声音；就像刚刚喝了一勺滚烫的汤。你能切实感觉到酒精遍布舌头和喉咙，就像尤马的路面上升起的热浪一样。

需要学习的另一个与热度相关的重要概念是平衡。具有中等酒精度13%的葡萄酒似乎更轻质一些，而酒精度为14.5%的葡萄酒如果含有丰富的果味、酸度和单宁可以与高酒精度相平衡的话，就可以如丝般顺滑。为什么白葡萄酒中的热度较红葡萄酒更加明显？注意这一点：我们大多数人（非俄罗斯人）都喜欢用伏特加调制鸡尾酒，而不是直接痛饮；但我们也不介意喝纯的或加冰的波旁威士忌。

这是因为伏特加是中性酒精，无风味可言。

而波旁威士忌经历了烘烤的橡木桶陈年，尝起来具有焦糖香味。波旁威士忌里的酒精并不让人讨厌，因为我们的味觉忙于体会那些附加的风味成分。

白葡萄酒具有类似伏特加的纯度：它们往往经历了葡萄皮分离榨汁和不锈钢桶或中性（旧）木桶陈年，因此缺乏红葡萄酒所具有的单宁、烘烤味、结构和浓郁的果香。红葡萄酒浸渍在具有丰富单宁的葡萄皮里，然后和波旁威士忌一样，在烤过的木桶中陈年。由于酒杯里有那么多味道，酒精就不那么明显了。现在你应该知道这就是浓郁的白酒往往比低酒精度的同胞更多地使用新橡木桶的原因之一了。

如果你手里正端着一杯浓郁白葡萄酒，我可以为你提供好的食物搭配经验：只要玩词汇联想游戏就好了。与热狗或辣椒（有悖于公众意见）这些重口味食品搭配相当棒。至于极辣的红辣椒，就要看个人感受了。

如何识别这些要素

① 摇晃浓郁型葡萄酒使它在杯中打旋，就会出现挂杯现象：酒不是溅起后直接落到杯底，而是沿着杯壁缓慢滑行流淌。

② 闻一闻浓郁型葡萄酒，即使还没有品尝，你也能闻到酒精味或在喉咙后部感觉到灼烧感。

③ 高酒精度葡萄酒在口中具有黏性。在葡萄酒的语言里，这种质地可以被形容为：丰满，厚重或油脂感。

在葡萄园里

昼夜温差

世界上最棒的一些葡萄酒产区昼夜温差很大，白天温暖夜晚寒冷。昼夜温差的悬殊使得葡萄成熟时能够保持足够的酸度，从而酿制出平衡的葡萄酒。

气候

浓郁型葡萄酒通常产自炎热的葡萄园，或者是气候温暖的种植区，或者是经历了异常炎热的夏季的凉爽产区。

酒精度

全球在变暖，对葡萄酒的热度也是如此。在 20 世纪 60、70 年代和 80 年代早期，大多干型餐酒的酒精度在 11% ~ 13%。现代种植和酿酒技术、浓郁型葡萄酒的流行及全球气候变化都使得近年来葡萄酒酒精度越来越高。

糖分水平

也许与你听说的不同，收获日期并不是由果实中的糖分水平决定的。葡萄种植者必须等待其风味达到成熟状态。如果葡萄在生理成熟之前糖分水平暴涨，酿造的葡萄酒就会比较"醇烈"。

灌溉

高温会造成葡萄停业生长，终止糖分生成。适时浇灌可使葡萄正常生长，延长挂枝时间（收获前葡萄串保留在葡萄树上的时期），并使夏季最热的日子里葡萄的成熟进程得以继续。但这会导致非常高的糖分水平，需要酿酒商在葡萄酒入窖时立即降低酒的酒精度并增加酸度。

大师班：推荐六款酒

　　根据葡萄园的地理位置和酿酒商的酿酒工艺，同一种葡萄可以酿制成不同风格的葡萄酒。比如霞多丽酒，可能是大酒体的、花哨的或者热辣的，也可能是清淡的、简单的，甚至瘦弱的。这里通过下面六款酒来举例说明。我分别选择了用三个葡萄品种酿制的不同酒款（霞多丽、赛美蓉和维欧尼），首先列举了较为清淡可口的，然后是更饱满更成熟的备选类型酒款。对它们进行盲品并试着猜一猜哪些酒来自同一个葡萄品种，哪些酒具有较高的酒精度。

LES HÉRITIERS DU COMTE LAFON
MÂCON-VILLAGES BLANC（霞多丽）
法国，勃艮第，马贡区　$$

备选
EVESHAM WOOD（霞多丽）
美国，俄勒冈，威拉米特谷　$$

LIOCO（霞多丽）美国，加利福尼亚，索诺马，俄罗斯河谷 $$

MARCASSIN MARCASSIN VINEYARD
（霞多丽）美国，加利福尼亚，索诺马海岸　$$$$$

备选
EL MOLINO CHARDONNAY 美国，加利福尼亚，纳帕谷，卢瑟福　$$$–$$$$

GUNDLACH BUNDSCHU CHARDONNAY
美国，加利福尼亚，索诺马县　$$

BROKENWOOD ILR RESERVE（赛美蓉）
澳大利亚，新南威尔士州，猎人谷　$$S

备选
MOUNT PLEASANT ELIZABETH
（赛美蓉）澳大利亚，新南威尔士州，猎人谷　$

VASSE FELIX ESTATE（赛美蓉）澳大利亚西部，玛格丽特河　$$

L'ECOLE NO. 41 SEVEN HILLS VINEYARD
ESTATE（赛美蓉）美国，华盛顿，瓦拉瓦拉　$$

备选
FIDÉLITAS SEMILLON 美国，华盛顿，哥伦比亚谷　$$

CADARETTA SBS（赛美蓉／长相思）
美国，华盛顿，哥伦比亚谷　$$

YALUMBA THE Y SERIES（维欧尼）
澳大利亚南部 $

备选
ILLAHE VIOGNIER
美国，俄勒冈，威拉米特谷　$

PINE RIDGE VINEYARDS（白诗南／维欧尼）美国，加利福尼亚，克拉克斯堡　$

ANDRÉ PERRET CONDRIEU（维欧尼）
法国，罗讷北部　$$$$

备选
DOMAINE GEORGES VERNAY
COTEAU DE VERNON, CONDRIEU
（维欧尼）法国，罗讷北部　$$$$$

CUILLERON VERTIGE, CONDRIEU
（维欧尼）法国，罗讷北部　$$$$

如何侍酒

你也许见识过高超的聚会组织者，他（她）事先将伏特加和杜松子酒放入冰箱以调制最丝滑的鸡尾酒。同样，浓郁型葡萄酒在温度较低时口感也更顺滑，因为这样就不会过多地注意到酒精；但同时，冷凉会使得香气和风味表现呆板。因此一定要在凉爽而不是冰冷的时候上酒。在冰箱里冷藏45分钟就足够了（取决于冰箱的设置）；为保持温度一致性要将准备喝的酒同时取出。

如何品酒

与朋友一起盲品是一种乐趣。混合葡萄酒的顺序，从1到6标号，标注每款酒的地区、葡萄种类和酒精度。用纸将酒瓶包起来，在上面写上对应的号码，一一品尝。看你和朋友们能否猜出哪些酒酒精度较高，尝试确定三对相同的葡萄品种。

如何评酒

具有显著而令人愉悦的热量的葡萄酒是浓郁型的；而缺少酸度的浓郁型酒是松弛的；缺乏酒精度的酒是稀薄寡淡的。最好的葡萄酒口感完整，无论标签上的酒精度是多少都能得到平衡。你可能会惊讶于甚至酒精度只有5%的葡萄酒也具有平衡的口感。

配餐

作为不同酒精度白葡萄酒的配餐，没有比芝士更好的了。选择本土生羊奶奶酪、卡芒贝尔奶酪、芳提娜奶酪和斯蒂尔顿奶酪，与葡萄酒一同品尝，除了关注风味，更要留意它们配在一起时给人的感受。和着奶酪的糊状质地，你喜欢浓郁型白葡萄酒呼应的黏性还是清淡葡萄酒清爽的酸度？

大师班：趋势如何？
品酒师推荐的浓郁型白葡萄酒

加利福尼亚霞多丽酒：触底反弹

别看它如此火热，加利福尼亚霞多丽酒曾经也是无人问津的。1982 年，肯德尔 – 杰克森酒庄推出其酿酒师珍藏级霞多丽酒。美食家们乐坏了：正当他们从代基里冰酒和奶油里脊丝转向加利福尼亚食物的时候，出现了这种风格特别的高质量美国产白葡萄酒，它可以冲洗烤牛排三文治和晒干的番茄香蒜沙司的强烈刺激。具有柔和甘甜的口感及淡淡的橡木味道的肯德尔 – 杰克森葡萄酒当时在商店和饭店都很容易找到，虽然价格低廉（$7.50，是索诺马 – 卡特雷酒价格的一半），但比超市里的壶装劣质酒精美多了。

同时出现的还有来自意大利淡味灰品乐酒和寿司的搭配，别急着说那只是"昙花一现"，要知道当时如果不知道代码"ABC" 代表"除了霞多丽我什么都喝"是没法儿参加鸡尾酒会的。葡萄酒商应对的方法是用不锈钢容器而非橡木桶酿造出了一种和来自意大利的灰品乐酒口味相当的酒。品酒师们也背道而驰，他们回归到勃艮第酒纤细优雅的怀抱中：夏布利、科尔登 – 查理曼、默尔孛和梦哈榭，这些酒与高调的美国对手相比，是那么的优雅精致。但没人能长期抵挡加利福尼亚的魅力。如今对历史不那么在意的品酒潮人都端着加利福尼亚霞多丽酒，或者要求"来点勃艮第酒或加利福尼亚酒"。

凯丽·怀特最爱的加利福尼亚霞多利酒

"在纳帕谷工作和生活，使我对酒精度思考了很多。"加利福尼亚圣海伦娜出版社的品酒师凯丽·怀特说。"通常那些令人讨厌、容易遭受批评的粗糙的热量都是酿酒商强加的风格。"她解释说。"但是加利福尼亚霞多丽有很多酒款都是自然优雅地获得了自身的重量感。"以下是她钟爱的三款白酒及其配餐。"这三款酒都有浓烈的水果香气，自然的酸度和复杂的矿物质味，这些都能够支撑高酒精度。"她说，"这些相同的品质使得葡萄酒与食物搭配更具有吸引力。"

Hyde de Villaine, Hyde Vineyard（霞多丽）加利福尼亚，纳帕谷 $$$$

配餐： 奶油韭菜烤牡蛎、腌肉、芝麻菜和帕尔玛干酪

Kongsgaard, The Judge（霞多丽）加利福尼亚，纳帕谷 $$$$$

配餐： 法国扁豆烤班德拉鹌鹑、羽衣甘蓝、尼斯克腌肉和无花果

Rudd, Edge Hill Bacigalupi Vineyard（霞多丽）加利福尼亚，索诺马县，俄罗斯河谷 $$$$

配餐： 烤嫩洋蓟、茴香、红萝卜、迷迭香和芝麻菜榛子沙司

更多经典的加利福尼亚霞多利酒

拜伦（Byron），中央海岸 $$

格吉驰黑尔（Grgich Hills），纳帕谷 $$$

汉歇尔（Hanzell），索诺马县 $$$–$$$$$

赫兹酒窖（Heitz Cellar），纳帕谷 $$

科斯塔布朗（Kosta Browne），索诺马县 $$$$

利托雷（Littorai），索诺马县 $$$$

梅亚卡玛斯（Mayacamas），纳帕谷 $$$

蒙特莱纳（Chateau Montelena），纳帕谷 $$$

耐尔斯（Neyers），纳帕谷 $$–$$$

帕尔美（Pahlmeyer），纳帕谷 $$$–$$$$

皮艾（Peay），索诺马县 $$–$$$$

鲁奇奥尼（Rochioli），索诺马县 $$$–$$$$

伦巴尔（Rombauer），纳帕谷 $$$

苏格（Schug），索诺马县 $$–$$$

海雾（Sea Smoke），中央海岸 $$$$

威廉斯乐姆（Williams Selyem），索诺马县 $$$$

一位品酒师关于浓郁型白酒配餐的观点

"我认为品酒师不考虑浓郁型白葡萄酒是个错误。"弗朗孛瓦·沙尔捷说，"我们的问题是只考虑葡萄酒本身。但我们总是在吃东西的时候喝葡萄酒。"为此，由加拿大品酒师转型的食物搭配侦探沙尔捷，与科学家以及像斗牛犬餐厅费伦·阿德里亚这样的名厨合作来确定最好的葡萄酒配餐方案。"当你将含有相同芳香物质的食物放在一起时，我们称之为'芳香协同效应'，这比单独将每种物质加在一起的效果更好。我相信世界上每一款葡萄酒在不同的时间、地点都有合适的食物与之匹配。浓郁型白葡萄酒与食物搭配是很棒的。"

对于橡木、香料和红辣椒味的新态度

沙尔捷说，白葡萄酒在有酒泥的橡木桶中陈年会增加谷氨酸化合物——与曾经在亚洲饭店流行的味精类似。它极容易接受鲜味，这种像香薄荷一样的难以捉摸的风味。哪些食物富有鲜味？酱油自然是。还有"古老的帕马森芝士，蟹类和海带。"沙尔捷说。他还补充了腌制肉类、龙虾、香菇、番茄酱、家禽类和猪肉。另外，乳酸发酵将苹果酸转化成为乳酸，这使白葡萄酒更容易搭配扇贝、白芝麻、焦糖洋葱和椰浆这样的食物。"像香菜、丁香、生姜、姜黄和番红花这样的温和香料与木桶酿制的白葡萄酒搭配具有惊人的效果，因为它们拥有同样的芳香物质。"沙尔捷还说。那么，像朝天椒这样的重味调料呢？"人人都说搭配很辣的食物需要喝非常清淡、冰冷的白葡萄酒。我可一点儿也不同意。"沙尔捷说。他也不认为啤酒是好的选择："红辣椒里称为辣椒素的辛辣物质，在有啤酒或水的时候会灼烧你的上颚。"沙尔捷提出史高维尔辣度单位，这种刺激性量度的方法是：把大量的糖水加入辣椒提取物，直到品尝者觉察不到辣为止。沙尔捷说，如果糖能作为抑制剂，我们就应该喝成熟的果味葡萄酒来搭配刺激的食物。"酒精度大约为14%的浓郁型白葡萄酒搭配辛辣的亚洲或墨西哥食物是极好的。"

推荐阅读

在《口感与分子：食物，葡萄酒和风味的艺术与科学》一书中，沙尔捷揭示了食物和葡萄酒中的分子构成，提出让人耳目一新的搭配建议。例如：番红花、胡萝卜、黄苹果和桃红酒都富含胡萝卜素，因此可以考虑将这些类似的食物放在一起享用。噢，麝香葡萄酒呢？沙尔捷说，这种不受重视的葡萄品种在饭桌上却一反常态地成为多面手。该书配有流程图，使阅读成为生动活泼的浏览体验。

"在研究的过程中，我注意到食物可以被分为不同的芳香家族，从而有助于更加精确地寻找和谐的葡萄酒配餐方案。"

甘甜的白葡萄酒

甘甜的白葡萄酒

你认为这部分内容不适合你，因为你不考虑甜葡萄酒。虽然你的腰部伤痛已经很长时间，但你还是坚决拒绝参加女友的瑜伽班；尽管你的胆固醇水平强烈要求你选择鲑鱼，但你仍然坚持点牛排；你对伍迪·艾伦的电影作品嗤之以鼻而钟爱恐怖片、战斗片和西部电影；你不读小说或者（但愿不是这样）诗歌；你的播放列表里没有阿黛尔。

回忆一下你曾经喜欢过的唯一一首诗，是《伊利亚特》吗？赫克托、内斯特或奥德修斯上战场之前对着酒壶痛饮的是苏格兰威士忌吗？噢，不是的。他们在杀敌前都要喝一口多汁甜美的加蜜葡萄酒。伟人亚历山大？汉尼拔？他们也是这样做的。尤利乌斯·恺撒、拿破仑和他们中最厉害的英格兰女王伊丽莎白一世，都是甜葡萄酒的爱好者。

所以，是时候拿出男子气概来探索葡萄酒世界最激动人心和不受重视的角落了。慢慢来，伙计，你不必对付波特酒、雪利酒和这一单元其他的加烈饮品，我们将专注于它们温和的低酒精度姐妹，那些你不喝的酒。

在芳香白葡萄酒单元中我们已经见过许多甜葡萄酒的葡萄品种了，用不同的方法酿造成为餐后甜酒。但由于甘美的晚收葡萄需要小心地采摘和处理，所以这一类葡萄酒价格并不便宜。而本单元的葡萄酒价格范围可能具有误导性，因为它们多半指的是半瓶装酒的价格。但你真的能喝下一整瓶甜酒吗？大概不能吧，除非你在午餐前的所有时间都全副武装地在战车上用铜头长矛与敌人拼杀。

你会喜欢这类酒，如果：

· 只要有可能你都会先吃甜点；
· 你在寻找比加烈葡萄酒和烈性酒更清淡的酒品；
· 你喜欢咸奶酪和鹅肝酱的味道。

专家的话

"我们餐桌上有 40% 的食物都适合搭配甜葡萄酒；因此我们为每一桌都提供这种酒。托卡伊阿苏酒（Tokaji Aszú）与像圣诞面包里的肉桂一类的香料搭配甚佳。加拿大冰酒如此丰满明快，适合与洋甘菊冰淇淋一类的水果甜点搭配。如果你实在不知道该怎么办，柑橘搭配餐后甜酒总是可行的。我非常喜欢甜葡萄酒配橙子的风味。"

美国纽约市布雷餐厅酒水总监，阿德里安·法尔孔

搭配建议

鹅肝酱	柑橘类水果	蛋糕
冰淇淋	蓝干酪	香料

价格指数

$	低于15美元	$$$$	50～100美元
$$	15～30美元	$$$$$	100美元以上
$$$	30～50美元		

酒品推荐

精选雷司令酒　德国莱茵黑森

　　"我不喝甜酒。"噢，真的吗？那是你还没有试过精选酒。这种甜点饮品可以在就餐时饮用：甜而不腻，是烤猪肉的好搭档，可以与辣椒炒菜产生共鸣，与生牛奶奶酪也是极好的组合。那么甜点呢？苹果派就很好啊。

[**价格：**
S–$$$$$]

[**酒精度：** 8%～13%]

[**适饮时间：**
酿造后 2~50 年]

莫斯卡托　意大利

　　美味的讽刺：世界上最严肃的葡萄酒产区之一皮埃蒙特，竟然出产有趣的低酒精度起泡甜葡萄酒。该酒极适于搭配早餐（或者早午餐）。微起泡的阿斯蒂莫斯卡托酒具有春花、白桃的芬芳，以及香浓的柠檬乳味道。这些味道中哪一样让人不爱呢？

[**价格：**
S–$$]

[**酒精度：** 5%～7%]

[**适饮：**
立即饮用]

托卡伊阿苏　匈牙利

　　在匈牙利，福尔明葡萄相对于其他葡萄品种更容易成为美味的贵腐葡萄。酿酒商用一种独特的方法将贵腐葡萄酿造为独一无二的葡萄酒，其甜度从加蜜的热带水果冷糕口味，甚至甜似糖浆。

[**价格：**
$$–$$$$$]

[**酒精度：** 2%～14%]

[**适饮：**
酿造后 5~300 年]

索泰尔讷　法国，波尔多

　　谁会为半瓶酒支付 200 000 美元的高价呢？这是一名收藏者为 1787 年伊甘庄园葡萄酒的竞价。伊甘酒就是索泰尔讷酒，用赛美蓉和长相思混合酿制的甜酒，其酸度和酒精度适合与牡蛎、鹅肝酱等众多食物相搭配。而且它的陈年能力很强。

[**价格：**
S–$$$$$]

[**酒精度：** 8%～13%]

[**适饮时间：**
酿造后 2~50 年]

圣桑托　意大利，托斯卡纳

　　整个意大利都用葡萄干酿酒，在托斯卡纳，葡萄干的美味就像是上帝的恩赐。圣桑托酒分为干型、甜型以及桃红酒，最好的圣桑托酒是具有焦糖色的餐后甜酒，具有烤坚果和奶油糖果的香气。在饮酒的销魂时刻，你甚至忘记了母语，你的舌头会对你说 "More, *per favored*！"（劳驾，再来一点！）

[**价格：**
$$–$$$$]

[**酒精度：** 14%～18%]

[**适饮：**
酿造后 4~10 年]

维达尔冰酒　加拿大，安大略湖

　　冰酒的德语是 Eiswein；法裔加拿大人称之为 Icewine。加拿大北部大雪原用雷司令葡萄酿造充足的冰酒以资助全国曲棍球联合会的一些团队。出乎意料的是，维达尔葡萄，这种在低温条件下盛产的坚硬厚皮杂交品种，也可以用于酿造冰酒，其高酸度和高糖度造就了杰出的维达尔冰酒，所以如果看见这种酒就别放过。

[**价格：**
S]

[**酒精度：** 8%～11.5%]

[**适饮时间：**
即饮]

酒款介绍：REICHSGRAF VON KESSELSTATT SCHARZHOFBERGER AUSLESE RIESLING

基本情况

葡萄品种：雷司令

地区：德国，摩泽尔，萨尔

酒精度：8%

价格：$$$–$$$$（整瓶 750 毫升）

外观：黄油般的，向日葵金黄色

品尝记录（味道）：口感丝滑，同时舌头上会感受到刺麻。入口有蜂蜜、甘菊、肉桂、杏子和柑橘酱的味道，然后是金橘和奎宁味，余味中有姜饼小豆蔻和甜胡椒的味道，酒窖存放产生的汽油味。适合与晚餐食物共同享用，作为餐后甜酒也足够甘美

食物搭配：咸干奶酪，像瑞布罗申奶酪那样的半软、刺鼻的牛奶奶酪，调和蛋白甜点，用柠檬、开心果和玫瑰花水制作的摩洛哥大米布丁，以及热狗

饮用还是保存：这款酒酿造后可以继续陈放20 年，最好在陈年 5~15 年间饮用

为什么是这种味道？

德国顶级葡萄种植酿酒区摩泽尔，包括三个较小的子产区，分别以摩泽尔河及其支流萨尔河和卢汶河命名。朝南的沙兹堡是寒冷的萨尔河域一级或优质葡萄园，以陡坡和板岩土壤闻名。在最好的年份，如 1999 年，该葡萄园发现了贵腐霉菌，它们使葡萄变干，生成了甜蜜的类似腌的而非腐烂的香气和风味。工人们在整个收获季节数次在地势陡峭的葡萄园里穿行，尽可能等待达到成熟巅峰的最后一刻采摘精选的枝串。在酿酒厂里，酒窖工人手工挑选出皱缩的贵腐晚收果实来酿造优质的金顶精选酒。

酿造者是谁？

冯·开世泰伯爵酒庄从事该产业已经超过 660年了（弗里德里希·冯·开世泰于 14 世纪晚期被任命为"御用品酒师"，从而开始将他生产葡萄酒的知识付诸实践）。该家族的精明举措包括 18 世纪将几乎所有种植葡萄品种转换为雷司令，19 世纪购买了四座曾经的修道院及其上佳的葡萄园。如今，安内格特雷 – 高德纳经营着这个庞大的产业，监管着 36 公顷的一级葡萄园，土地被摩泽尔河、萨尔河和卢汶河划分开来。安内格特嫁给了德国名厨格哈德·高德纳。

冯·开世泰伯爵酒庄是著名的旧学院派生产商，喜欢用本土酵母，只要时机合适就使用大的木桶（酒桶）发酵。这种生产雷司令酒的方法在年轻的酿酒师中间重新流行起来，他们视冯·开世泰伯爵酒庄为传统方法的先行者。

酒标解读

瓶封

金箔（金顶），标志着该酒是由贵腐葡萄酿制的优质精选葡萄酒。

瓶身

传统的长而纤细的绿色瓶身，为全世界雷司令酒所通用。

质量等级

如果你瞥一眼背标，就会注意到酒精度只有 8%，你会看到 Qualitätswein mit Prädikat（QMP）的字样，表明这是最优质的葡萄酒。

生产商

Reichsgraf 意思是"富有的伯爵"，德国人喜欢炫耀他们的官方头衔，你会经常在酿酒厂商标上发现这些字眼。通常发生的状况是，拥有博士学位的"Doktors"购买葡萄园后，就会以他们自己的名字命名之。（还有一个老妇人的故事，说的是过去德国乡村的人们会将一小块土地作为支付给医生的费用）。

标签

鉴于该家族酒庄可追溯到 1349 年，不得不说该标签设计实在简洁。有些德国酒的标签上的元音变音和哥特式笔迹涂抹得过于粗重花哨，几乎难以看出瓶子里装的究竟是什么酒。

晚收

雷司令是葡萄的名字。这种葡萄酒是由逐串精选晚收葡萄酿制的，是从收获的葡萄中精心挑选出的优质果实。

葡萄园

"Scharzhofberger"表示"来自沙兹堡葡萄园"。

REICHSGRAF VON KESSELSTATT SCHARZHOFBERGER AUSLESE RIESLING

为什么是这个价格？

如果你感觉自己正在成为德国雷司令酒的爱好者，我很抱歉，因为就在不久之前这类酒的价格还很低。可是突然之间，每个大都市的侍酒师和瓶装酒商店店主都在置办雷司令酒，它曾经非常低的价格也相应被抬高了。由于精选葡萄需要仔细地手工采摘和挑选，事实上这种葡萄酒的酿造成本很高。即便如此，这种瓶装酒还是比冯·开世泰最好的葡萄园（Josephöfer，就在摩泽尔）酒便宜一些。如果你发现我给的是一整瓶酒、而不是半瓶酒的价格的话，这个价格就和偷来的差不多了。鉴于这种精选酒的悠久历史，从有见识的酒商那里买到相当便宜的老年份酒也是有可能的，前提是你所在的葡萄酒市场具有正规的德国葡萄酒进口贸易。

搭配什么食物？

精选酒的美在于它美味而甘甜。其惊人的酸度将削弱主菜里丰富脂肪的油腻感（尤其是那些具有糖醋风味的菜肴），如樟茶烤鸭、宫保鸡丁或意大利黑醋猪肉。它与水果、香料、奶油或面食甜点搭配也是极好的，比如芒果大米布丁、甜豆麻糍、烤无花果配蜂蜜和马斯卡邦尼奶酪、杏仁糖饼干、大黄派，等。

最适食物搭配
烤香肠、配酸辣酱的胡桃南瓜馅饼

猪肉　香料　水果派

左图：摩泽尔河和陡峭的葡萄园使得雷司令葡萄即使在凉爽的北部地区也能够成熟得很好。

10 款最好的
金质德国逐串精选葡萄酒品牌

ANSGAR CLÜSSERATH	$$–$$$
SCHLOSSGUT DIEL	$$–$$$$$
WEINGUT DÖNNHOFF	$$$$–$$$$$
GUNDERLOCH	$$$$
WEINGUT HANS LANG	$$$–$$$$$
LEITZ WEINGUT	$$–$$$$
MARKUS MOLITOR	$$–$$$$
EGON MÜLLER	$$$$$
JOH.JOS.PRÜM	$$–$$$$$
DOMDECHANT WERNER	$$–$$$

世界其他国家相似类型的酒

Hermann J Wiemer, Select Late Harvest, Riesling
美国，纽约，手指湖　$$$–$$$$

Trimbach, Cuvée Frédéric Emile Sélection de Grains Nobles, Riesling,
法国，阿尔萨斯　$$$$–$$$$$

Cave Spring, Indian Summer Select Late Harvest
加拿大，尼亚加拉半岛　$$

酒品选择

专家个人喜好

由多伦多特朗普国际大厦餐饮经理、WineAlign.com网站的首席评论员约翰·萨博推荐

世界好酒推荐

ESTATE ARGYROS, VINSANTO 20 YEARS BARREL-AGED（阿斯提柯/艾达尼/阿斯瑞）希腊，圣托里尼岛 $$$$$

MAXIMIN GRÜNHÄUSER ABTSBERG AUSLESE（雷司令）德国，摩泽尔 $$$

DONNAFUGATA, BEN RYÉ PASSITO DI PANTELLERIA（麝香）意大利，西西里 $$–$$$

WEINGUT FRITZ HAAG, RAUNEBERG JUFFER SONNENUHR AUSLESE LONG GOLD CAPSULE（雷司令）德国，摩泽尔 $$$$

FOREAU, DOMAINE DU CLOS NAUDIN, VOUVRAY MOELLEUX（白诗南）法国，卢瓦尔谷 $$$

TSCHIDA, SÄMLING TROCKENBEERENAUSLESE（施埃博）奥地利，诺伊齐德勒 $$$$

CHÂTEAU GILETTE, CRÈME DE TÊTE, SAUTERNES（赛美蓉/长相思）法国，波尔多 $$$$$

DOMAINE HUET, VOUVRAY CLOS DU BOURG MOELLEUX PREMIÈRE TRIE（白诗南）法国，卢瓦尔谷 $$$

INNISKILLIN, RIESLING ICEWINE 加拿大，安大略湖，尼亚加拉半岛 $$$

CHÂTEAU CLIMENS, BARSAC（赛美蓉/长相思）法国，波尔多 $$$$

KIRÁLYUDVÁR, TOKAJI ASZÚ 6 PUTTONYOS（福尔明/哈斯莱威路）匈牙利，托卡伊 $$$

CHÂTEAU SUDUIRAUT, SAUTERNES（赛美蓉/长相思）法国，波尔多 $$$

CHÂTEAU PIERRE-BISE, QUARTS DE CHAUME（白诗南）法国，卢瓦尔 $$$

ROYAL TOKAJI, MÉZES MÁLY TOKAJI ASZÚ 6 PUTTONYOS（福尔明/哈斯莱威路/麝香）匈牙利，托卡伊 $$$$

EOΣΣ SAMOS, NECTAR（麝香）希腊，萨摩斯岛 $$

DISZNÓKŐ KAPI VINEYARD TOKAJI ASZÚ 6 PUTTONYOS（福尔明）匈牙利，托卡伊 $$$$

DOMAINE SCHOFFIT, RANGEN DE THANN CLOS SAINT-THÉOBALD 法国，阿尔萨斯 $$$$$

AVIGNONESI, OCCHIO DI PERNICE VIN SANTO DI MONTEPULCIANO（桑娇维塞）意大利，托斯卡纳，蒙帕塞诺 $$$$$

WENZEL, SAZ RUSTER AUSBRUCH（麝香/福尔明）奥地利，布尔根兰州，新肯湖丘陵地 $$$$

SAN GIUSTO A RENTENNANO, VIN SAN GIUSTO, VIN SANTO（玛尔维萨/特雷比奥罗）意大利，托斯卡纳，基安蒂 $$$$

（括号里为葡萄种类）

多种多样的配餐酒

DOMAINE DE BELLIVIÈRE, ELIXIR DU TUF（白诗南）
法国，卢瓦尔　$$$$

BROOKS, TETHYS LATE HARVEST RIESLING
美国，俄勒冈州，威拉米特谷　$$–$$$

DE BORTOLI, NOBLE ONE, BOTRYTIS SÉMILLON
澳大利亚，新南威尔士州　$$–$$$

CAROLE BOUQUET, SANGUE D'ORO, MOSCATO PASSITO DI PANTELLERIA（麝香）意大利，西西里 $$$

PHILLIPPE DELESVAUX, COTEAUX DU LAYON, SÉLECTION DE GRAINS NOBLES（白诗南）
法国，卢瓦尔　$$$–$$$$

CHÂTEAU DOISY-VÉDRINES, BARSAC（长相思/赛美蓉）
法国，波尔多　$$

FEILER-ARTINGER, RUSTER AUSBRUCH（白品乐/纽伯格/灰品乐/霞多丽）奥地利，布尔根兰州　$$$$

ISOLE E OLENA, VIN SANTO DEL CHIANTI CLASSICO（玛尔维萨/特雷比奥罗）意大利，托斯卡纳 $$–$$$$

KRACHER, GRANDE CUVÉE OUVELLE VAGUE TROCKENBEERENAUSLESE NO.6（霞多丽/威尔士雷司令）奥地利，布尔根兰州　$$$–$$$$

CA' RUGATE, LA PERLARA RECIOTO DI SOAVE（卡尔卡耐卡）
意大利，威尼托　$$$

最佳性价比

DOMAINE DES BERNARDINS, MUSCAT-DE-BEAUMES-DE-VENISE 法国，罗讷　$$

FALCHINI, PODERE CASALE 1°, VIN SANTO DEL CHIANTI（玛尔维萨/特雷比奥罗）意大利，托斯卡纳　$$

FERRANDO, LA TORRAZZA, ERBALUCE DI CALUSO（黎明）
意大利，皮埃蒙特　$–$$

KEO, ST. JOHN XYNISTERI, COMMANDARIA（玛洛）
塞浦路斯岛　$–$$

OREMUS, LATE HARVEST TOKAJI（福尔明）匈牙利，托卡伊　$$

ELIO PERRONE, SOURGAL, MOSCATO D'ASTI（麝香）
意大利，皮埃蒙特　$–$$

LA SPINETTA, BIANCOSPINO, MOSCATO D'ASTI（麝香）
意大利，皮埃蒙特　$–$$

ROBERT & BERNARD PLAGEOLES, DOMAINE DE TRES CANTOUS, MUSCADELLE 法国，加亚克　$$

CHARLES HOURS, UROULAT, JURANÇON（小满胜）
法国西南部　$$

UVAGGIO, MOSCATO DOLCE（麝香）
美国，加利福尼亚，洛迪　$$

大师班：甜度分级

　　不能再拖延了，是时候面对甜葡萄酒的卡夫卡式分级系统了。我们从法国开始。在这里 Doux 代表甜，Liquoueux 代表极甜。和我们之前的讨论中了解的卢瓦尔谷武弗雷白诗南酒的官方术语（见"活泼芳香的白葡萄酒"一节）一样，Sec 表示干。半干呢？是 Demi-sec。超过 50 克 / 升的糖度，就是 Moelleux，这是一个美妙的词，它意味着柔和、圆润、顺滑或绵软。它与下面几个词都来自同一个拉丁语词根，比如 emollient，是一种用于护手霜中的软化剂；以及 mollifying，感觉就像饮一杯予厄酒庄"高地"武弗雷甜酒。

　　阿尔萨斯是生产琼瑶浆和灰品乐甜酒以及少量的餐后雷司令和麝香葡萄酒的专家。阿尔萨斯酒的分级方法很简单。他们用 Vendanges Tardives 表示晚收。晚收葡萄在成熟后仍然挂在枝头变成葡萄干，有时候会邹缩成贵腐葡萄，这一点我们稍后就会讲到。并不是所有的阿尔萨斯晚收葡萄酒都是甜的，这一点令人困惑（但在新世界国家，我们喜欢借用法语中的葡萄酒术语，因为它们听起来令人着迷）。但是由大部分变干、具有高糖分的皱缩葡萄酿制的粒选贵腐葡萄酒的甜度是有保证的。如果有人请你吃饭的话，我会极力推荐这一类葡萄酒。（试试鸿布列什酒庄的产品。）

　　现在，我们必须中断常规进程来定义一下贵腐菌，Botrytis cinerea，这种灰色的霉菌出现在成熟的葡萄上，使它们皱缩，并浓缩了糖分。通常是白葡萄，且所在地区常常出现晨雾和晴朗的午后。在凉爽的地方，酿酒商在类似雨季的环境里制作干红葡萄酒（比如勃艮第和俄勒冈），但这种腐败是非贵腐的，吸取了葡萄皮的颜色，而果实则发霉变成糊状。

　　真正贵腐的白葡萄看起来就像考古博物馆里萎缩的头颅一样，和它们之前的本体具有独特的相似性。在波尔多有一个贵腐甜酒的热点地区，在锡龙河的支流向加龙河分叉的地方。这里，贵腐菌稳妥地停留在赛美蓉、长相思和密思卡岱葡萄上，渗出一种美妙的金黄色美味汁液。最著名的当属索泰尔讷或巴尔萨克产区（巴尔萨克酒经常标为索泰尔讷，但索泰尔讷酒不会被标为巴尔萨克河）。该地区其他的甜贵腐葡萄酒产区包括卡迪亚克、卢皮亚克和圣科瓦山。

　　准备好了解奥地利的分级体系了吗？这里采用普拉迪卡特系统，测定每毫克未发酵葡萄汁（刚压碎或压榨的葡萄汁）里的糖分。我不会列举数字来烦你。只要知道 Spatlese 是完全成熟的葡萄就够了；Auslese 这个词我们在本单元开头见过，指更加成熟的葡萄；Beerenauslese 是超级成熟的葡萄；Ausbruch 是指挂在葡萄枝上的葡萄干；而 Trockenbeerenauslese（TBA）指贵腐葡萄里最为皱缩的葡萄。德国的分级与此类似，只是从由轻盈脆弱的一般成熟葡萄酿制的酒开始（比 Spatlese 的成熟程度轻一点），而且他们没有 Ausbruch 葡萄。毕竟，不可能到处都有 Ausbruch。

成熟度和贵腐的变化

健康的葡萄
健康的葡萄在收获时节是饱满多汁的。

贵腐菌发作
如果葡萄上开始出现粉紫色的斑点，葡萄种植者就知道贵腐菌开始形成了。

贵腐菌的传播
当贵腐菌开始传播的时候，葡萄种植者仔细地观察葡萄。最好的生产商会在秋季和初冬时反复穿行在葡萄园里逐个采摘葡萄粒来酿造粒选瓶装酒，包括选粒贵腐葡萄酒、逐粒精选葡萄酒、枯萄精选葡萄酒和艾森西雅葡萄酒。

贵腐菌
当贵腐霉菌在理想条件下出现在葡萄上的时候，葡萄皮由粉色变成褐色，果肉皱缩，糖分凝聚，渗出一种金黄色的汁液。

灰霉菌
如果感染了贵腐菌的葡萄在午后的阳光下没有机会干透，贵腐菌就会变成灰霉菌。葡萄变成浅灰色，葡萄枝上会出现蛛网膜。

干葡萄
法国人将葡萄树上没有感染葡萄孢菌而仅是变干的葡萄或葡萄串称为金黄色葡萄干。

大师班：推荐六款酒

　　葡萄会以许多不同的方式皱缩，每一种都可以酿制出不同种类的葡萄酒。这里列举了六款最出名的类型。你可能会惊讶地发现我们的第一个选择——阿玛偌尼，其实是一种强劲的干红酒，而同样来自意大利的圣桑托酒竟然具有坚果味和雪利酒的气味。在下面的"趋势如何"一节中，我们将进一步了解这种口味的酒，包括托卡伊奥苏酒和冰酒。现在，品尝和比较吧。 如果你找不到推荐的酒款，尽管用不同类型的餐后饮品代替，比如索泰尔讷甜白酒。

PIEROPAN AMARONE（科维纳 / 科维浓 / 罗蒂妮拉 / 科罗帝纳）意大利，阿玛偌尼·瓦尔波利切拉　$$$$

备选

MASI COSTASERA AMARONE（科维纳 / 罗蒂妮拉 / 莫林纳拉）意大利，阿玛偌尼·瓦尔波利切拉 $$$-$$$$

TEDESCHI AMARONE（塔佳迪拉 / 洛雷罗）葡萄牙，米尼奥，青酒产区 $$-$$$

ROYAL TOKAJI TOKAJI ASZÚ 6 PUTTUNYOS（福尔明 / 哈斯莱威路 / 麝香）匈牙利，托卡伊 $$$-$$$$$

备选

SZEPSY TOKAJI ASZÚ 6 PUTTUNYOS（福明特 / 哈斯莱威路）匈牙利，托卡伊 $$$$$

HÉTSZOLO TOKAJI ASZÚ 6 PUTTUNYOS（福尔明 / 哈斯莱威路·科维斯泽罗 / 萨格·穆斯克塔伊）匈牙利，托卡伊 $$$-$$$$

AVIGNONESI VIN SANTO（特雷比奥罗 / 马尔维萨）意大利，托斯卡纳 $$$$$

备选

BADIA A COLTIBUONO VIN SANTO（特雷比奥罗 / 马尔维萨）意大利，托斯卡纳，圣桑托基安蒂经典产区 $$$

VOLPAIA VIN SANTO（特雷比奥罗 / 马尔维萨）意大利，托斯卡纳，圣桑托基安蒂 $$$

SELBACH-OSTER ZELTINGER SONNENUHR TROCKENBEERENAUSLESE（雷司令）德国，摩泽尔 $$$$$

备选

MEULENHOF ERDENER TREPPCHEN TROCKENBEERENAUSLESE（雷司令）德国，摩泽尔 $$$$-$$$$$

WEINGUT ACKERMANN ZELTINGER SCHLOSSBERG TROCKENBEERENAUSLESE（雷司令）德国，摩泽尔 $$

DOMAINE OSTERTAG FRONHOLZ VENDANGES TARDIVES（琼瑶浆）法国，阿尔萨斯 $$$-$$$$

备选

ALBERT MANN ALTENBOURG VENDANGES TARDIVES（琼瑶浆）法国，阿尔萨斯 $$$

AGATHE BURSIN ZINNKOEPFLE VENDANGES TARDIVES（琼瑶浆）法国，阿尔萨斯 $$$

MISSION HILL RESERVE ICEWINE（维达尔）加拿大，不列颠哥伦比亚，欧肯那根谷 $$-$$$

备选

JACKSON-TRIGGS PROPRIETORS' RESERVE ICEWINE（维达尔）加拿大，安大略湖，尼亚加拉半岛 $$

PONDVIEW ESTATE FOUR MILE CREEK ICEWINE（维达尔）加拿大，安大略湖，尼亚加拉半岛 $$

如何侍酒

阿玛偌尼酒可以倒在中大型玻璃杯里，其他的酒用较小的玻璃杯就可以了。可以为每位品尝者提供两种尺寸的高脚杯。尽管这是个完美的餐后品酒会，也一定不要把灯光调得太暗，因为甜葡萄酒的颜色渐变看起来会非常漂亮。

如何评酒

这里有发音的速成指导。Amarone 是 AH-MAH-ROH-NAY（如果你能发出卷舌 "R" 就更好了）。Vendanges Tardives 是 VAHN-DAHNJ-TAHR-DEEV。Tokaji Aszú 是 TOKE-AH-EE OSH-OO。

Trockenbeerenauslese 是 TROH-KUN-BEER-UNOWS-LAY-SAY（又有卷舌音 "Rs"）。至于 Vin Santo 和 Icewine，我想你自己知道怎么发音。

感官感受

当你轻嗅、品尝这些酒的时候，试着发现它们的共性：干果的芳香。然后，再品尝一次来确定每种酒与其他酒不同的地方。通常，干葡萄酒，如圣桑托酒，具有经过氧化的像雪利酒一样的气味，而枯萄贵腐酒常具有蜂蜜、柑橘和杏的香气。可能会在晚收葡萄酒里发现轻微的烟熏味或胡椒味；而冰酒常常是鲜明、饱满，具有果香味的。

配餐

为了能够最好地领会甜葡萄酒的神韵，不要和甜点，而要和像燕麦饼干或意大利脆饼这样的中性食物一起享用，或者用香薄荷片、帕尔玛干酪、艾斯阿格芝士、格拉娜·帕达诺干酪、曼彻格芝士或佩科里诺干酪这样的硬奶酪与之搭配。咸味烤坚果和水果干也很合适。

大师班：趋势如何？
葡萄干制酒

匈牙利的甜酒

1989 年东欧社会主义国家的颜色革命导致许多家庭分裂，政治活动家被监禁、宗教群体被抛到一边，同时也影响了葡萄酒爱好者等。我们最终得以接近博德罗格河和蒂萨河在匈牙利的交汇处，甜酒的产地，这里有晨雾、晴朗的午后以及由此引起的贵腐。托卡伊奥苏酒就是托卡伊地区的贵腐酒，由多种芳香多汁的葡萄混合酿制，具有自然的高酸度。其中最优质的是福尔明葡萄，葡萄皮薄，很容易腐化。其他品种有哈斯莱威路、萨加幕斯科塔利、泽塔或柯维茨奥罗。明白了？很好。

酿造传统的托卡伊奥苏酒，收获时需要煞费苦心地挑选缩皱的果实，然后轻压出果汁成为奥苏葡萄浆。同时，非贵腐的葡萄被酿制为普通的白酒。将奥苏葡萄浆加入白葡萄酒，葡萄酒将再次发酵，变成甜蜜的仙露，其酒精度低，糖度和酸度很高，具有浓烈的香气。奥苏浆的甜度从 3 开始上升到 6（标注在商标上的数字），成为非常浓的奥苏艾森西雅葡萄汁。最后就酿成了艾森西雅葡萄酒，就是奥苏浆发酵后的液体，只有大约 2% 的酒精度，和蜂蜜一样黏稠，能够陈年几百年。

制作葡萄干

对于贵腐霉菌，你必须坐等它发生，祈祷它贵腐，而不是褐化。但有一种方法要简单得多：采摘葡萄，然后把它们挂在酒庄的橡木上，摊在稻草垫子上或铺设在堆垛架上，保证层与层之间良好的通风，使它们变干。这种方法在意大利最为盛行，称为帕赛托（*passito*）法。由于该方法不依赖晨雾或真菌孢子，所以只要酿酒商愿意尝试都可以采用。

意大利的甜酒

在托斯卡纳，糖浆似的特雷比安诺和马尔维萨葡萄汁和前一次酿酒残留的一些酵母被密封在小木桶里静置至少 3 年，实现发酵和氧化陈年的狂欢放纵。酿好的葡萄酒呈茶褐色，甘甜味美，就像烤过的咸味乳脂糖裹坚果的味道，还有阿蒙提那多雪利酒似的氧化特征。这种葡萄酒的名称？圣桑托。在意大利西北部的威尼托及周边，普遍采用帕赛托工序酿造红酒，而非白酒（抱歉苏瓦韦酒），并被不断改进……

如果操作恰当，被称为蕊恰朵的甜酒的味道就像沾了巧克力的樱桃一样甜美。还有利帕索干红葡萄酒，与酿造蕊恰朵葡萄酒相同的干葡萄连皮进行二次发酵，或者在更优质的瓶装酒里，与一小部分干葡萄一起发酵，从而酿成了具有樱桃和甘草香气的浓郁葡萄酒。这些酒里最好的是阿玛倮尼，口感强劲，而且绝不是甜的（Amaro 译为"略萄带苦味的酒"），具有烤李子和咖啡豆的口味及大约 15% 的酒精度，有些类似瓦尔波利塞拉葡萄酒。

冰冻在甜葡萄酒中的作用

为了晾干，我们已经学会让它们保持挂枝超过通常收获的日子；或者你可以双手合十祈祷神奇的霉菌——贵腐霉菌光临你的葡萄园；又或者，你可以采摘果实并铺开晒干。还有一种葡萄脱水的方法：刺骨的严寒。在德国、奥地利、加拿大和美国北部部分地区，晚收葡萄偶尔会受到深冻，变得像岩石一样坚硬。酒厂工人迅速将这些弹珠一样的葡萄粒摘下来，在它们解冻前运到冷凉的酒厂进行压榨，将冰晶丢掉，得到优雅柔滑的果汁。在德国和奥地利，这种甜葡萄酒被称为冰酒。

世界上最有趣的深冻葡萄酒出自加拿大，这里的极寒温度像加拿大的雨或雪一样可靠。除了雷司令酒，这里还有其他不同寻常的选择，比如品丽珠葡萄酿造的粉红冰酒，一些起泡酒和异常成功的维达尔酒。令世界其他地方遗憾的是，加拿大过去并没有很多酒出口，美国和亚洲抢占了大部分的冰酒份额。由于冰冻葡萄的果汁只占解冻葡萄果汁的15%，这种葡萄酒本身就是一种非常珍贵的稀有品。

仿制

在葡萄栽培地，品尝屋的销售在整个收入里占了很大的比例。酒庄庄主知道甜酒的销路好，它们的金琥珀色调和迷人的小瓶装令人悦目，且很容易放进行李箱作为精美的礼物。成天在外品尝白葡萄酒的旅行者们只要喝一口甜酒很快就会对它着迷。简言之，如果你能生产可靠的餐后葡萄酒，即兴购买的收益流就得到了保证。但在许多新世界葡萄酒产区，气候条件不允许进行冰酒、贵腐酒、晚收葡萄酒和帕赛托风格葡萄酒的酿造。要注意这些地方的冰冻葡萄酒。

一些葡萄酒商会将葡萄冰冻后再榨汁；还有一些则先榨汁后冰冻；或者有人使用真空浓缩器。最终出现了经过检验的可靠的酿制方法，即将酒冰冻，然后缓慢解冻直到得到最舒适的口感时拣掉冰块。稍加分析就会发现，这其实是"冰冻酒"，并不是真正的冰酒。冰冻酒并没什么不好，可是纯粹主义者坚持货真价实。因为我们越了解葡萄酒鉴赏，就越开始相信在把这种液体看成一种艺术形式之前，总要受到一些煎熬。也就是说，黎明时分在严寒的葡萄园里用冰冷的手指采摘冰霜覆盖的葡萄的那些葡萄种植者是最值得我们尊敬的。

起泡酒

起泡酒

意大利作曲家费鲁乔·布索尼能够在不丢失任何细节的情况下将约翰·塞巴斯蒂安·巴赫多层次的、三键盘管风琴作品精炼为钢琴曲。这与起泡酒酿造面临的挑战极为相似：混合不同的葡萄品种（通常来自几十个葡萄园和不同年份），通过复杂的工序捕捉生成的气泡而又不失葡萄酒的灵魂。简而言之，起泡酒需要精湛的技巧和富有灵感的才华。

当然，我在此极力推荐传统方法酿造的起泡酒：香槟、科瑞芒酒、卡瓦酒、弗朗齐亚柯达酒等，由劳动密集型的传统方法酿造。最好的起泡酒中有热奶油蛋卷的气味，细腻的泡沫在舌头缠绕，好似布索尼的右小指伸展开轻抚那些高音键一样。其他简单的酒款同样受人欢迎：意大利普罗赛克酒、德国或奥地利赛克彻酒、葡萄牙起泡酒，它们带来简单而活跃的快乐，就像乔治·格什温的钢琴音调。

在我们深入研究这些酒品之前，有必要进行一些说明：因为许多起泡酒是由不同年份的酒混酿而成的，这一节中我将标注哪些葡萄酒是年份酒（单一年份），哪些酒是非年份酒（NV，两年或多年份酒混酿）。酿造起泡酒的另一个难点是从红葡萄皮里榨出清汁。如果标签没有标明，该酒常是红、白葡萄的混酿酒，即使看起来是白色的。黑中白是由黑（红）葡萄酿造的白葡萄酒；白中白是白葡萄酿造的白葡萄酒；而桃红酒可以是红葡萄酿造的，也可以是红、白葡萄的混酿酒。

这些已经够让人头晕了。别担心：一切都在葡萄酒商的控制之中。听，软木塞开启的砰砰声，瓶里释放出气体的嘶嘶声，还有红酒撞击高脚杯时快乐的略略声。

你会喜欢这类酒，如果：

· 你钟爱清爽的起泡矿泉水或苏打水；
· 你对所有的事物都追求优雅；
· 你吃东西喜欢小盘浅尝而不是大量猛食。

专家的话

"我喜欢的搭配起泡酒的食物是从咸腌肥肉到香腊肠的任何猪肉食品。当肉质的油腻与清爽的高酸度泡沫相遇，口中会产生奇妙的感觉。起泡酒与法式炸薯条或薯片一类的煎炸食物搭配也非常棒。"

英国伦敦热狗香槟餐厅厨师专桌合伙人与品酒师，桑迪亚·张

搭配建议

早餐　　　爆米花　　　蛋奶酥

炸鸡　　　酿馅蘑菇　　　焦糖奶油

价格指数

$	低于15美元	$$$$	50～100美元
$$	15～30美元	$$$$$	100美元以上
$$$	30～50美元		

酒品推荐

起泡酒　美国，西海岸
　　如果你关于美国的信息全都来自说唱乐歌词和橄榄球超级杯大赛庆祝胜利的影片，你可能会认为这个葡萄酒新世界国家到处都是起泡酒。虽然也不完全是这样，但美国人确实喜欢香槟酒，以至于美国至少有四个法国香槟酒庄和一个卡瓦酒公司。

[价格：
$–$$$$]

[酒精度：11.5%～13%]

[适饮时间：
酿造后0~20年]

香槟酒　法国，香槟区
　　虽然有很多假冒者，但没有其他酒区会有像香槟区那样狂风肆虐的凉爽气候、白垩岩土壤和严谨的生产方式。但是它是否定价过高？想一想标注酿造年份的酒瓶、小型生产商、单一葡萄园和为了让你喝到甘露的可持续耕种实践，你就不会这样认为了。

[价格：
$$$–$$$$$]

[酒精度：11.5%～12.5%]

[适饮时间：
酿造后0~50年]

卡瓦酒　西班牙，加泰罗尼亚
　　萨尔瓦多·达利、胡安·米罗、安东尼·高迪、费兰·阿德里……这些加泰罗尼亚人知道如何解放思想。科尔多纽酒窖首先找到酿制酷似香槟酒的方法，其价格却很低廉。目前，科尔多纽是世界上古法酿造葡萄酒的最大生产商。

[价格：
$]

[酒精度：11%～12.5%]

[适饮时间：
即饮]

起泡酒　葡萄牙，比拉达
　　令人难过的是，还有像葡萄牙这样自私的国家，他们酿造非常好的起泡酒，但只供自己国家享用。幸运的欧盟市场逐渐迎来了比拉达价廉而味美的起泡甜白酒，还有红酒！适合与烤乳猪相搭配。

[价格：
$]

[酒精度：11%～13%]

[适饮时间：
即饮]

普罗塞克酒　意大利，威尼托
　　不受重视的格雷拉葡萄，按照查马法在不锈钢容器中酿造，生成了葡萄酒世界的苏打水：清新中性的普罗塞克酒是调酒师最好的朋友，用来于制作美味的威尼斯风格鸡尾酒贝利尼，但也可以单独饮用，尝起来不比贝利尼差。

[价格：
$–$$]

[酒精度：11%～12%]

[适饮时间：
即饮]

塞克特酒　德国，莱茵高
　　塞克特酒是一个统称词，从清淡的类似普罗塞克的起泡酒，到小型优质酒庄生产的香槟风格酒，从干型酒到甜酒，都包括在内。近年来塞克特酒质量得到了大幅度的提高。挑选标有"Sekt b.A."或"Qualitatsschaumwein b.A."名称的酒。

[价格：
$–$$$]

[酒精度：11%～12.5%]

[适饮时间：
即饮]

酒款介绍：FRANCIS COPPOLA SOFIA BLANC DE BLANCS

基本情况

葡萄种类： 白品乐 / 雷司令 / 麝香

地区： 美国，加利福尼亚，蒙特利县

酒精度： 12%

价格： $-$$

外观： 浅稻草色，有中小气泡

品尝记录（味道）： 苹果，白桃，柠檬威风蛋糕，白垩岩，玫瑰花瓣，葡萄柚，蜂蜜

食物搭配： 春卷，鸡尾酒虾，梨片或橙片沙拉，意式调味饭，泰国面条，柠檬冻挞，巧克力泡芙，结婚蛋糕

饮用还是保存： 即饮

为什么是这种味道？

如果你认为起泡酒就是香槟酒，那就要再考虑一下。全世界都生产简单、便宜、随意的起泡酒，供即时消费和享受。索菲亚酒就属于这种类型。它属于清爽型酒，缺乏香槟的烘烤味和焦糖味，但价格要低得多。

索菲亚酒另一个成功之处就在于芳香甘甜的水果味，这种味道来自混合的各种芳香葡萄：雷司令、麝香和白品乐，使这款酒也可以作为餐后甜酒。白品乐使其接近香槟酒的风格。现在的香槟酒大多由灰品乐、霞多丽和莫尼耶品乐酿造，但历史上普遍采用白品乐（灰品乐的一种变异），现在仍沿用在一些香槟混酿酒中。

酿造者是谁？

虽然我们这些酒行家都假装不知道，但在好莱坞确实有着不可避免且持续增长的趋势：名人酿酒。安东尼奥·班德拉斯、德鲁·巴里摩尔、杰拉尔·德帕迪约、格雷格·诺曼、奥莉维亚·纽顿－约翰、斯汀……这些人都排在列表前部，名单还在继续增加。这些人中，电影制片人弗朗西斯·福特·科波拉对高品质酒的投入也许是最大的，他花了25年时间使纳帕谷古老的鹦歌酒厂恢复到原先的辉煌。酒厂250美元的卢比康酒（以赤霞珠葡萄为主的混合酒）价格不菲。索菲亚酒是科波拉为他的电影导演女儿酿制的，是许多爱酒者的心爱之物。事实上，大多数葡萄酒购买者是女人，然而市场上充斥着不明确的低劣品牌，它们和拙劣的广告公司一起以女性作为目标客户，相比之下可口内敛的索菲亚酒非常受女性消费者的欢迎。

酒标解读

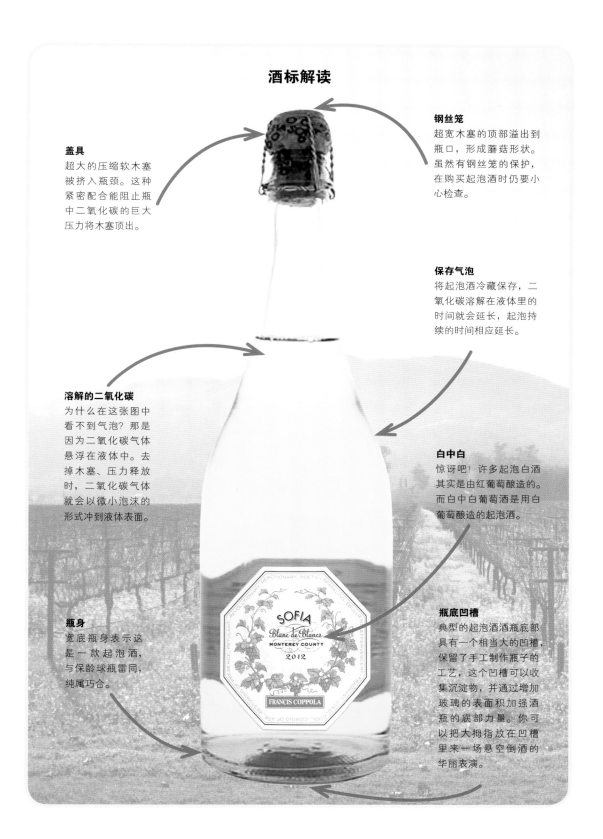

钢丝笼
超宽木塞的顶部溢出到瓶口，形成蘑菇形状。虽然有钢丝笼的保护，在购买起泡酒时仍要小心检查。

盖具
超大的压缩软木塞被挤入瓶颈。这种紧密配合能阻止瓶中二氧化碳的巨大压力将木塞顶出。

保存气泡
将起泡酒冷藏保存，二氧化碳溶解在液体里的时间就会延长，起泡持续的时间相应延长。

溶解的二氧化碳
为什么在这张图中看不到气泡？那是因为二氧化碳气体悬浮在液体中。去掉木塞、压力释放时，二氧化碳气体就会以微小泡沫的形式冲到液体表面。

白中白
惊讶吧！许多起泡白酒其实是由红葡萄酿造的。而白中白葡萄酒是用白葡萄酿造的起泡酒。

瓶身
宽底瓶身表示这是一款起泡酒，与保龄球瓶雷同，纯属巧合。

瓶底凹槽
典型的起泡酒酒瓶底部具有一个相当大的凹槽，保留了手工制作瓶子的工艺，这个凹槽可以收集沉淀物，并通过增加玻璃的表面积加强酒瓶的底部力量。你可以把大拇指放在凹槽里来一场悬空倒酒的华丽表演。

FRANCIS COPPOLA SOFIA BLANC DE BLANCS

为什么是这个价格？

　　虽然起泡酒是劳动密集型酒，但这种酒的需求使它在几乎每个超市都很便宜，尤其当该酒用查马法酿造时。这种方法是在大型不锈钢罐，而不是单独的酒瓶中进行二次发酵。索菲亚酒就是以这种方式酿造的，属于意大利普罗塞克风格。葡萄来自蒙特利县沿海气候凉爽、排水良好的阿罗约锡科子产区，该县是加利福尼亚一些最狂热和最多产的葡萄酒生产商所在地。

搭配什么食物？

　　这种类型的葡萄酒天生就很酸，所以可以作为开胃酒或配餐酒饮用。香槟、卡瓦酒或起泡酒会有烘烤、酵母、坚果的香气，适合与焦糖洋葱、干烤红辣椒、风味可丽饼、火腿或腌火腿、烤蘑菇芝士通心粉、肉酱等搭配。

　　像普罗塞克酒这样较清淡的酒款，可以和难搭配的蔬菜形成互补，如芦笋、鳄梨或油醋汁脆沙拉。我还没有遇到过与生蚝或鱼子酱不好搭配的起泡酒呢。索菲亚酒是这些规则的例外：其中的麝香和雷司令葡萄增加了花果香气，适合与亚洲菜肴和海鲜，以及简单的饼干、白蛋糕或水果搭配。

10 款最好的	
美国起泡酒	
ARGYLE	$$–$$$$
FRANK FAMILY VINEYARDS	$$$
FRANK FAMILY VINEYARDS	$$–$$$
IRON HORSE	$$$–$$$$
J VINEYARD	$$–$$$$
MUMM NAPA VALLEY	$$–$$$$$
ROEDERER ESTATE	$$–$$$$
SCHARFFENBERGER	$$
SCHRAMSBERG	$$$–$$$$$
SOTER	$$$–$$$$

世界其他国家相似类型的酒

Graham Beck, Blanc de Blancs
南非，西开普　$$

Huia, Blanc de Blancs
新西兰，马尔堡　$$

JANSZ, PREMIUM CUVÉE
澳大利亚，塔斯马尼亚岛　$$

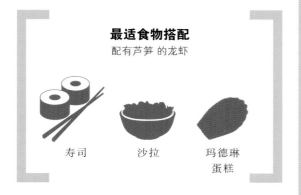

最适食物搭配
配有芦笋 的龙虾

寿司　　沙拉　　玛德琳蛋糕

　　左图：历史上著名的鹦歌酒厂，建于 1886 年，由弗朗西斯·福特·科波拉恢复了其以往的荣耀。

酒品选择

专家个人喜好

由英国伦敦麦德拉酒店首席侍酒师兼
葡萄酒采购员克莱门特·罗伯特推荐

FINE WINE EDITIONS
世界好酒推荐

AGRAPART & FILS, LES 7 CRUS,
BLANC DE BLANCS BRUT NV
法国，香槟　$$$–$$$$

KRUG CLOS D'AMBONNAY BLANC
DE NOIRS VINTAGE（黑品乐）
法国，香槟　$$$$$

CAVALLERI, SATÈN（白中白）
意大利，伦巴第，弗朗齐亚柯达
$$–$$$$

BOLLINGER VIEILLES VIGNES
FRANÇAISES VINTAGE（黑品乐）
法国，香槟　$$$$$

HENRI GIRAUD, FÛT DE CHÊNE BRUT
VINTAGE（黑品乐/霞多丽）
法国，香槟，阿伊　$$$$$

VEUVE CLICQUOT LA GRANDE DAME
VINTAGE（黑品乐/霞多丽）
法国，香槟　$$$$

AUGUSTÍ TORELLÓ MATA,
KRIPTA, VINTAGE（马卡贝奥/沙雷
洛/帕雷亚达）西班牙，加泰罗尼亚，
卡瓦　$$$$

HENRIOT CUVÉE DES
ENCHANTELEURS VINTAGE（霞多丽
/黑品乐）法国，香槟　$$$$

NAUTILUS, CUVÉE MARLBOROUGH
BRUT NV（黑品乐/霞多丽）
新西兰，马尔堡　$$–$$$

PHILIPPONNAT CLOS DES GOISSES
VINTAGE（黑品乐/霞多丽）
法国，香槟　$$$$

NYETIMBER, CLASSIC CUVÉE
BRUT VINTAGE（霞多丽/黑品乐/
莫尼耶品乐）英国，西萨塞克斯　$$$

BILLECART-SALMON CLOS ST-
HILAIRE VINTAGE（黑品乐）
法国，香槟　$$$$

PELLER ESTATES, ICE CUVÉE
MÉTHODE CLASSIQUE NV（霞多丽
/黑品乐）加拿大　尼亚加拉半岛
$$$

DOM RUINART ROSÉ VINTAGE BRUT
（霞多丽/黑品乐）
法国，香槟　$$$$

RENARDAT-FÂCHE, CERDON
ROSÉ MÉTHODE ANCESTRALE
NV（黑佳美/普萨）
法国，萨瓦，比热　$–$$

POL ROGER VINTAGE
（灰品乐/霞多丽）法国，香槟　$$$$

JACQUES SELOSSE, INITIALE
BLANC DE BLANCS BRUT NV
法国，香槟　$$$$

CHARLES HEIDSIECK BRUT
RÉSERVE NV（黑品乐/莫尼耶品乐/
霞多丽）法国，香槟　$$$$

LA TAILLE AUX LOUPS DE
JACKY BLOT, TRIPLE ZÉRO NV
（白诗南）法国，卢瓦尔，卢瓦尔
河畔蒙特卢伊　$$

CA' DEL BOSCO, ANNAMARIA
CLEMENTE VINTAGE（灰品乐/白品
乐/霞多丽）意大利，伦巴第，弗朗
齐亚柯达　$$$$

（括号里为葡萄种类）

有机、生物动力学或自然耕作

最佳性价比

CHAMPALOU, MÉTHODE TRADITIONELLE BRUT NV（白诗南）
法国，卢瓦尔，武弗雷　$–$$

LE VIGNE DI ALICE, EXTRA DRY VINTAGE（格雷拉）意大利，威尼托，普罗塞克
$–$$

DELMAS, CUVÉE BERLÈNE BRUT VINTAGE（莫扎克）法国，朗格多克 – 鲁西荣，利穆 – 布朗克特　$–$$

DE CHANCENY, ROSÉ BRUT（品丽珠）
法国，卢瓦尔　$–$$

FLEURY PÈRE ET FILS, ROSÉ SAIGNÉE NV（黑品乐）法国，香槟　$$$–$$$$

LOREDAN GASPARINI, VENEGAZZU NV（格雷拉）意大利，威尼托，阿苏鲁罗塞克　$–$$

PAUL GINGLINGER, PRESTIGE BRUT NV（白品乐）法国，阿尔萨斯　$–$$

FREIXENET, MÉTODO TRADICIONAL CORDON NEGRO BRUT NV
（帕雷亚达 / 马卡贝奥 / 沙雷洛）
西班牙，加泰罗尼亚，卡瓦　$

CÉDRIC BOUCHARD, ROSES DE JEANNE INFLORESCENCE, LA PARCELLE BLANC DE NOIRS NV（黑品乐）
法国，香槟，奥布省　$$$$

LUIS PATO, MARIA GOMES BRUTO NV（玛丽亚果莫斯 / 巴格）
葡萄牙，贝拉斯　$–$$

JAILLANCE, CLAIRETTE BRUT & ELEGANT NV（克莱雷特）
法国，罗讷，迪 – 克莱雷特　$–$$

JAUME SERRA, CRISTALINO BRUT ROSÉ NV（黑品乐）
西班牙，加泰罗尼亚，卡瓦　$

PIZZOLATO NV（格雷拉）
意大利，威尼托，普罗塞克　$–$$

NINO FRANCO, RUSTICO NV（格雷拉）
意大利，威尼托，普罗塞克　$–$$

LOUIS ROEDERER CRISTAL VINTAGE（黑品乐 / 霞多丽）法国，香槟　$$$$$

SZIGETI, MÉTHODE TRADITIONELLE BRUT NV（绿维特利纳）
奥地利，布尔根兰　$–$$

TARANTAS BRUT NV（马卡贝奥 / 帕雷拉 / 沙雷洛）　西班牙，加泰罗尼亚，卡瓦　$

TENUTA SANTOMÈ EXTRA DRY（格雷拉）
意大利，威尼托，普罗塞克　$–$$

VALENTIN ZUSSLIN, BRUT ZERO SANS SOUFRE NV（欧塞瓦 / 霞多丽 / 灰品乐）
法国，阿尔萨斯　$$

VILARNAU BRUT NV
（马卡贝奥 / 帕雷洛 / 沙雷洛）
西班牙，加泰罗尼亚，卡瓦　$

大师班：珍珠是女孩子最好的朋友

亲爱的，你是否曾经参加过一个派对，那里每个人都比你纤瘦，比你富有？在这种场合下但愿你不会羞于交谈。这里有一些交流沟通的建议，比如：小于 5 克拉的钻石不值得讨论；如果不是鲟子酱、赛弗鲁嘉鲟子酱或奥斯特拉鲟子酱，那就说："鱼子"就可以了；圣特罗佩和伊比沙岛都已经是过去时了；说到操控和平稳驾驶，感觉兰博基尼会比法拉利更快……

现在来看看香槟。让我们从充满节日气氛的熟悉大牌开始吧，那些在世界上几乎任何地方的酒单和商店货架上都能找到的杰出品牌：碧尔卡·莎蒙、库克、罗兰百悦、酩悦、巴黎之花、伯瑞、凯歌，等。这些都是由大香槟商酿造的。他们从整个香槟地区的许多葡萄园购买葡萄，然后将不同葡萄园和不同年份，多达 60 种葡萄混合，酿制出风格持久独特的特酿葡萄酒。稍逊色的有威名香槟（*cuvée de prestige*）或单一酒槽酒（*tête de cuvée*），最好的葡萄酿造的限量瓶装酒，具有如美好时代、水晶或唐·培里侬香槟王这样的专属名称。这些年份或非年份酒有在瓶内持续陈年的潜力，深受富人们的欢迎。就像波特酒一样，年份瓶装酒只在最好的年份发售，而且随着年龄的增长品质也会提高。恶劣的生长季节过后，就只有非年份酒上市了。因此你可以想象得到，年份瓶装酒颇受收藏家欢迎。

一些大品牌也会发售单一葡萄园瓶装酒，但是喜欢标新立异的个别葡萄酒爱好者却在找寻着种植户。这些小的葡萄种植户生产他们的自主品牌酒，也常常卖一部分果实给大的香槟酒商。这些小酒庄生产的葡萄酒即使是非年份酒也会展现出更多的变化。因此，从他们那里购买的酒带有更为独特的特征。说到钱，如果你的香槟愿望和鱼子酱梦想与财务现实有剧烈冲突的话，那也别担心，还有便宜的香槟风格的酒：南非的起泡白酒，法国香槟区以外任何一个产区的科瑞芒酒，西班牙卡瓦酒以及许多其他起泡酒，都是按照香槟的酿造方法制成的。如果你将举办一个大派对，或只是坐下来抱着一碗爆米花看场电影，那么用零花钱就能获得这些葡萄酒更为纯朴的快乐。如果你想像玛丽莲·梦露一样洗着泡泡浴品着起泡酒，就会发现这些信息多有用。

如何识别这些因素

① 因为经历了瓶内二次发酵，期间酵母酒泥留在葡萄酒中的时间超过了一年或更长，使许多香槟酒有了面包的香气。白中白葡萄酒尝起来更清淡，有乳脂的口感；黑中白则较强劲，粉红香槟果味更浓；木桶发酵的香槟具有浓郁的焦糖气味。

② 你可以通过玻璃杯里大量微小的、无穷无尽的气泡或波纹来鉴别最好的香槟。你也许注意到了液体表面像珍珠项链一样的泡沫环。最好的香槟酒里的慕斯或泡沫的口感应该是细腻的，而不是让人痛苦的刺麻感。

③ 在香槟区以外，经由耗时而艰苦的传统方法酿造的法国葡萄酒被称为科瑞芒。Blanquette 一词（普罗旺斯当地方言奥克语"白"的意思）相当于白中白葡萄酒。

酒标解读

玻璃
香槟酒瓶的玻璃瓶身非常厚，以承受内部产生的高压。

气泡
研究人员计算出一瓶起泡酒里含有2.5亿个小气泡；越好的香槟酒的气泡越细小，数量也更多。

印花突起
特别俱乐部的香槟容易识别，因为无论生产商是谁，酒瓶和标签几乎都是相同的。也正是这一点令人无比沮丧。

特别俱乐部
这瓶酒是特别俱乐部的酒，类似于种植者生产的佳酿香槟，其26位酿酒技师会员每年都互相评价各人所酿造的顶级葡萄酒，并通过投票决定这些酒能否获得特别俱乐部的身份。

RM身份
如果你在起泡酒的前标签或后标签上发现了一个以字母"RM"开头的小数字，你就知道这是独立酒商或种植者生产的香槟酒。

年份
标签上的年份标注暗示这款酒应在酒窖中陈年。

瓶身
香槟酒瓶身看起来很高傲，是不是？这大约是因为兰斯大教堂是法国国王进行加冕的传统地点。几个世纪以来，甚至在起泡酒诞生之前，香槟地区的酒是法国皇室在重大场合才饮用的。

颜色
过去葡萄酒瓶是绿色的，那是因为吹玻璃工人不懂如何去除引起着色的铁氧化物。如今，香槟酒瓶子染成绿色则是为了传承历史传统；而且，因为光线照射对葡萄酒有损害，深绿色瓶身的酒更容易陈年。

除渣
如果你想知道除渣的日期（即葡萄酒与酒泥分离的日期），在背标上找到六个小数字，它们对应年、月和日。

葡萄品种
标签上写的是霞多丽，但对于该葡萄酿造的香槟酒，更习惯的用词是白中白。

SPECIAL CLUB

SPECIAL CLUB

SPECIAL CLUB

SPECIAL CLUB

CHAMPAGNE

Pierre Gimonnet

2005

PRODUIT DE FRANCE

GRANDS TERROIRS DE CHARDONNAY

大师班：推荐六款酒

和朋友们一起品尝这些酒，在夜晚的休闲时光大家随意坐着，逐一品尝放在你们当中的这些起泡酒。（当然，如果你确实开了六瓶酒，就要邀请更多的客人）。将酒的顺序打乱，别让朋友们知道哪瓶是哪瓶。看他们能否告诉你哪一瓶是来自大品牌的年份特酿，哪一瓶是种植户生产的特殊俱乐部葡萄酒；便宜些的酒款与上佳酒比起来到底怎样？

POL ROGER SIR WINSTON CHURCHILL VINTAGE（黑品乐 / 霞多丽）
法国，香槟　$$$$$

备选
MOËT & CHANDON DOM PÉRIGNON VINTAGE（黑品乐 / 霞多丽）
法国，香槟　$$$$$

BOLLINGER LA GRANDE ANNÉE VINTAGE（黑品乐 / 霞多丽）
法国，香槟　$$$$–$$$$$

DOMAINE COLLIN CUVÉE TRADITION BRUT NV 法国，朗格多克 – 鲁西荣，利穆　$

备选
DOMAINE DE MARTINOLLES BRUT VINTAGE（霞多丽 / 白诗南 / 黑品乐）
法国，朗格多克 – 鲁西荣，利穆　$

SAINT-HILAIRE BRUT VINTAGE（莫扎克）
法国，朗格多克 – 鲁西荣，利穆 – 布朗克特　$

J LASSALLE SPECIAL CLUB VINTAGE
（黑品乐 / 霞多丽）
法国，香槟，希尼莱罗塞　$$$$

备选
GRONGNET SPECIAL CLUB VINTAGE
（黑品乐 / 霞多丽）
法国，香槟，埃托热　$$$$$

A MARGAINE SPECIAL CLUB VINTAGE
（霞多丽）法国，香槟，维勒斯马美瑞
$$$$

MONTE ROSSA SANSEVÉ SATÈN
（BLANC DE BLANCS）BRUT NV（霞多丽）
意大利，伦巴第，弗朗齐亚柯达　$$–$$$

备选
QUADRA BRUT NV
（霞多丽 / 白品乐 / 黑品乐）
意大利，伦巴第，弗朗齐亚柯达　$$–$$$

QUATTRO MANI Q BRUT NV
（霞多丽 / 白品乐 / 黑品乐）
意大利，伦巴第，弗朗齐亚柯达　$$

JACQUES LASSAIGNE BLANC DE BLANCS BRUT NV（霞多丽）
法国，香槟，蒙格村　$$$$

备选
CHARTOGNE-TAILLET CUVÉE SAINTE-ANNE BRUT NV（霞多丽 / 黑品乐）
法国，香槟，梅尔菲　$$$

CLAUDE GENET BLANC DE BLANCS BRUT（霞多丽）法国，香槟，舒伊　$$$

AVINYÓ BRUT RESERVA CAVA NV
（马卡贝奥 / 帕雷达 / 沙雷洛）
西班牙，加泰罗尼亚，卡瓦　$–$$

备选
ORIOL ROSSELL BRUT NATURE NV
（沙雷洛 / 马卡贝奥 / 帕雷达）
西班牙，加泰罗尼亚，卡瓦　$–$$

DIBON BRUT RESERVA NV
（马卡贝奥 / 帕雷达 / 沙雷洛）
西班牙，加泰罗尼亚，卡瓦　$

如何侍酒

虽然某些葡萄酒的狂热爱好者用超大的勃艮第酒杯喝香槟一类的酒，我还是推荐使用窄身高脚杯，以便更好地观赏和保存那些欢快的气泡；只倒半杯酒，最好地来欣赏这个景观。由于品尝时，酒瓶大多会被打开放在一旁，因此在侍酒时应将它冰在冰块上，以尽可能地保留其中的气泡。

如何评酒

最好的起泡酒有"细腻的慕斯感"和很多"小珠子"，在口中产生泡沫的感觉。"持久的纹饰"（一连串无穷的气泡）也是好酒的标志。你的上颚可能会感觉到雪纺或蕾丝的质地。需要更多瓶内陈年时间的年份香槟的口味则可能是"尖锐的"、"强劲的"或"紧实的"。

感官感受

为你的客人提供比较样本，比如柠檬、苹果和梨片，奶油蛋卷，甚至是一大块面团。用独特的酵母发酵的传统方法酿造的葡萄酒可能有类似于香槟的"面包味"、"面团味"或更好的"酵母自溶"的香气。

食物搭配

为你的客人提供一些饼干、坚果、土豆片和奶酪，热的泡芙糕点小吃、奶油浓汤或栗子浓汤都可以。最好是（如果你能在当地找到的话）兰斯玫瑰饼干、粉末状裹糖的粉红小饼干，爱喝香槟的人用它蘸着起泡酒食用。小甜酥饼，如俄罗斯茶糕（也叫雪球或 *mantecados*）也很不错。

大师班：　趋势如何？

还有你吗，干型酒？

我们如此习惯于在起泡酒的瓶身上看到 "Brut" 这个词，以至于我们都不再询问它的意思。但是渐渐的，消费者们找到了更干的起泡酒。最干的是 Brut Nature 或 Brut Zero（自然干或零度绝干）。这些酒的酿造在二次发酵后没有增加糖的剂量，非常罕见，被一些行家视为最纯粹的香槟。接下来是 Extra Brut（超干型），酿造时加了少剂量的糖。Brut（干型）不是很干，也不是很甜。还有让人困惑的 Extra Dry 或 Extra Sec，其实比 Brut 要略甜一点；而 Dry 或 Sec（干）就更甜一点儿，Demi-Sec（半干）要更甜一些，最后是 Doux 或 Sweet（甜），就是它们实际表达的意思。

所有的香槟曾经都是甜的，某种程度上迎合了俄国皇亲贵戚的口味。直到 19 世纪中期，路易丝·波默里才引进半干酒——英国和美国市场相当重视的香槟酒。如今，这个世界上巨大的讽刺（或悲剧？）之一就是我们搭配甜点享用起泡酒。用于酿造起泡酒的葡萄有意被提早采摘，以获得这类酒所必需的高酸度。所以起泡酒和巧克力慕斯搭配饮用是完全荒谬的。起泡酒最应该作为开胃酒或配餐酒；到了该上松糕甜点的时候，换成名称滑稽的干或半干葡萄酒类型吧，或者干脆，用一杯甜酒结束你的用餐。

起泡酒的开端

据说，修道士唐·培里侬在 17 世纪 60 年代 "发明" 了起泡酒，宣称："我就是饮酒界的明星！" 但史料表明，圣伊莱尔修道院于更早的 1531 年就酿制出了起泡酒。而起泡香槟其实是英国人首创的。从香槟区进口的美妙葡萄酒往往在从木桶中取出时就已经变质，这令人们十分沮丧，因此 17 世纪的英国商人开始在运输前就把酒装入他们超坚固的玻璃瓶里。这些葡萄酒在冰冷的香槟酒窖中还没有完成的发酵过程在暖和的瓶子里得以继续。当软木塞被打开的时候，里面封存的二氧化碳就以气泡的形式表现出来。

《寡妇凯歌：香槟帝国及掌管其的妇人的故事》
作者：蒂拉尔·J·马冶奥

复古：PET NATS（自然气泡）

如果你想知道早期香槟酒的味道，那就寻找标签上有 méthode ancéstrale（古法），méthode rurale（土法）或 pétillant originel（原始低起泡酒）字样的香槟（后者是唯一被法国官方承认的名称）。这种类型的起泡酒常常是半甜的，有丰富的泡沫，有时具有野苹果或苹果醋的气味；酒精度通常较低，只有 6%~7%。它们在方法上的区别是什么？古法葡萄酒变为香槟的方法是：在葡萄酒瓶里加入酵母和糖后密封进行二次发酵，从而产生气泡。

相比之下，原始起泡酒的支持者声称他们的酒更自然，因为没有酵母和糖的添加物。它们是简单的葡萄酒，其发酵过程在酒窖（或冰箱）冰冷的低温下中断了。这些酒在装瓶时酒精度较低，糖分较低，而一旦在瓶中回暖就会继续发酵，就像 17 世纪时香槟村的葡萄酒在英国暖和的春天天气里突然起泡一样。这种酿酒方法在法国卢瓦尔谷、利慕、汝拉，以及邻近萨瓦的比热地区正逐渐兴起。它们的崇拜者将它们看作 "自然气泡" 或 "PET NATS"。讽刺的是，有人曾经在寒冷的小型酒窖生产商那里遇到了无意中产生的 "自然气泡"。

瓶中高压

我们都见过这样的场景：体育团队赢得了冠军，有人将一瓶香槟摇晃后砰的一声打开软木塞，香槟酒喷洒在教练的头上。起泡酒为什么会喷发？因为牢固的玻璃瓶里保存的二氧化碳气体的压力比我们周围的气压要大。当它到达液面的时候，二氧化碳达到平衡状态；而当受到摇晃的时候，这种平衡就被打破，于是造就了美妙的拍照时刻。如果你想对某人表演特技，记住购买能够随着一声巨响喷射出来的那种起泡酒，因为不是每种类型的酒都具有香槟酒那么大的瓶中高压。

完全起泡酒，如香槟、科瑞芒酒或卡瓦酒，在瓶中压力达 5~6 个大气压（汽车的轮胎通常加压到 2.5 个大气压）。惯例是以 45°角开启起泡酒，这样不仅避开了头顶的灯具座，而且增加了气泡溢出的表面积。如果瓶中压力较低，气泡没那么活跃，你可以笔直地拿着瓶子打开。这些葡萄酒曾经的名字包括 pétillant、perlant、frizzante 或 spritzig。如果瓶内气压小于一个大气压，这与你周围的气压相当，这样的葡萄酒应该是乏味的。现在让我们把所学付诸实施吧。

如何用军刀开香槟

① 就像许多可笑和可能致命的行为一样，用军刀开香槟的古典艺术或用致命的武器斩断瓶口，具有莫明其妙的观赏愉悦。朋友们，请不要在家里尝试这个。如果你一定要这样做，至少要按照下面的基本指南来操作。

② 你是清醒的吗？除非你是清醒的，否则不要用军刀开酒。

③ 老实说，你可以使用黄油刀或其他老玩意，但军刀是最令人印象深刻的。假如你正好是一名海盗，那躺在家里的马刀正好可以用来干这个。

④ 要确定你的酒是如上所述的完全密封的起泡酒。比如以微起泡方式酿造的普罗塞克酒，就不会有这种效果。

⑤ 尽量地冰冻起泡酒。但当它结冰时会自发爆炸；所以你的目标是在到达临界点时安全地把它取出来。

⑥ 只在户外用军刀开酒，远离赤脚的人或容易被飞起的玻璃碎片击中的人群。基本上，只在户外配有保护垫的环境中才采用军刀开酒。

⑦ 去掉钢丝笼和箔纸。查找瓶子接缝处（瓶身上从瓶底到瓶颈的两条细线），使其正面朝上。

⑧ 摇晃瓶子，大拇指按在软木塞上，眼睛盯着接缝线。在身前调整瓶身的角度，倾斜至 45°角。

⑨ 将军刀迅速地滑过瓶颈处的接缝线位置。

⑩ 好了！倒满酒杯，收拾残局，无论如何都不要直接对着割破的瓶口喝酒。我可警告过你了哦。

桃红酒

桃红酒

荷马——写史诗的美食家说过，大海是奇怪的"深酒色"。为什么？因为早期的希腊人不知道用什么词来表述蓝色。但他知道怎么形容黎明，那时"手指呈玫瑰色"。因此，如果有一种葡萄酒能够激发诗人想象力的话，那一定是桃红酒。一则具有樱花般的精美，二则具有芒果片的亮橙色。邦多勒酒可能会让你想起日落时分的泰姬陵或者卡西斯的悬崖，而塔维尔酒则会让你想到西瓜结实多汁的果肉。在饮用桃红酒之前，端起酒杯好好观赏一下，你一定会为它玫瑰色的景观而欢欣。

如果是几年前，我应该会不得不在这里停一下，边使眼色边说俏皮话，做出道歉和解释：不，真正的桃红酒并没有蓝圣斯酒那么甜。但我们生活在一个开明的时代。干型桃红酒现在是时尚饭店酒单中的标准酒款。这种葡萄酒可以应对令人为难的男女客人都在的场合，因为它的颜色处于红色和白色之间。

桃红酒既舒适又清新，通过它既能了解在木桶陈年的红葡萄酒的酿制过程，又能体会到白葡萄清爽的酸度和平实感。我们往往将它与温和的气候——普罗旺斯最显著的气候联系起来，我们可以在任何天气里饮用桃红酒，它可以与各种食物灵活搭配。它并不是仅仅为海滩上休闲的人准备的，适合所有地方的每个人。

是的，桃红酒是有趣的，但绝不低俗。《伊利亚特》里的士兵将酒兑水，通过饮用粉红酒来磨炼自己的战斗力。早期的语言艺术家为他们周围的事物取名，用于形容日出和淡色葡萄酒的粉红色比形容天空和水的蓝色更早出现，令人惊奇。

你会喜欢这类酒，如果：

· 你拿不定主意点红葡萄酒还是白葡萄酒；
· 你希望永远生活在夏季；
· 你是唯美主义者。

专家的话

"比较清淡的桃红酒是法国南部普罗旺斯炎热夏季饮品的首选。它应该适合与该地区的海鲜和草本香料（迷迭香、牛至叶、马郁兰、百里香、薄荷）搭配，这是符合逻辑的。如果桃红酒比较浓烈，我会毫不犹豫地搭配猪肉和小牛肉，尤其当配菜是不错的夏季蔬菜，如豌豆、蚕豆或西红柿时。"

法国巴黎佛伦奇酒店酒水总监，劳拉·维达

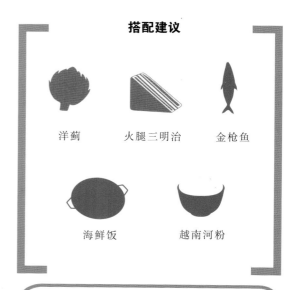

搭配建议

洋蓟　　　火腿三明治　　　金枪鱼

海鲜饭　　　越南河粉

价格指数

$	低于15美元	$$$$　50～100美元
$$	15～30美元	$$$$$　100美元以上
$$$	30～50美元	

酒品推荐

桃红酒 法国，科西嘉

　　观光客们已经说了好多年：科西嘉的桃红酒会很抢手。但直到最近，美丽岛的葡萄酒商才试图出口他们的宝贝。这些葡萄酒庄重、迷人，从贝壳粉红色到红宝石般的葡萄颜色；具有玫瑰水、橄榄盐水和柑橘的味道。拿破仑为什么要离开这里呢？

价格：
S~$$$

酒精度：12%~14%

适饮时间：
酿造后 0~3 年

塔维尔 & 邦多勒 法国，普罗旺斯

　　塔维尔位于罗讷南部，靠近阿维尼翁，距离邦多勒县（普罗旺斯沿海，土伦和马赛之间）相当近。它们是世界上两个顶级桃红酒产区，采用两种不同的酿酒方式。红醋栗色的塔维尔酒具有果味，而粉白色的邦多勒酒清爽，具有矿物质味道，两种都很棒。

价格：
S~$$$

酒精度：12%~15%

适饮时间：
酿造后 0~3 年

瑟拉索罗酒 意大利，阿布鲁佐

　　阿布鲁佐（和普利亚区）酿酒商，通过缩短蒙特普恰诺葡萄的浸皮时间，酿造出班比尼罗西酒。这种樱桃色饮品适合搭配意大利干酪和辣椒。如果它让你重新开始使用电转盘唱机，在客厅里跳起波尔卡舞，可别说我没警告过你。

价格：
S~$$

酒精度：12%~13%

适饮时间：
酿造后 0~3 年

歌海娜桃红酒 西班牙，纳瓦拉

　　西班牙的桃红酒很多，酿造葡萄不仅有歌海娜，还有添普兰尼诺和蒙纳斯翠尔等。在里奥哈有深色的桃红酒，由歌海娜和白维奥娜混合酿制。纳瓦拉的草莓风味歌海娜桃红酒以其无与伦比的性价比吸引了外国市场的注意。

价格：
S~$

酒精度：12.5%~14%

适饮时间：
酿造后 0~2 年

桃红酒 奥地利

　　我们知道德国的桃红酒，但我们最近在商店货架上看到的来自奥地利的桃红酒。怎么样？它们的生产商是细心的海蒂施洛克和泰戈尔泽霍夫，酿酒葡萄有茨威格和蓝弗朗克，非常适合在桌子旁沉思冥想时饮用。

价格：
S~$$$

酒精度：12%~15%

适饮时间：
酿造后 0~2 年

黑品乐桃红酒 美国西海岸

　　有黑品乐红葡萄酒的地方，就有黑品乐桃红葡萄酒。在勃艮第，很多这样的酒都是利瑞芒酒。在美国，每个夏季很多品乐产区都会出产桃红酒。随着这种葡萄酒在出口市场及淡季时的需求增加，它成为值得关注的增长型葡萄酒。

价格：
S~$$

酒精度：12%~13%

适饮时间：
酿造后 0~3 年

酒款介绍：
DOMAINE COMTE ABBATUCCI CUVÉE FAUSTINE ROSÉ

基本情况

葡萄种类：司棋卡雷洛

地区： 法国科西嘉

酒精度：13%

价格：$$ - $$$

外观：透明的贝壳粉红色

品尝记录（味道）：杨桃，猕猴桃，凤梨，酸橙；科西嘉马基群落的鼠尾草 – 杜松 – 金桃木 – 橄榄风味；草莓。口味新鲜，带有白垩岩味道，口感丝滑

食物搭配： 搭配百里香、欧芹、蒜的蒸白鱼或海螯虾，科西嘉羊奶酪，如布罗丘羊奶酪或覆有香草的布林礼赞奶酪，西葫芦油炸饼

饮用或保存： 快点喝掉，越早越好！

为什么是这种味道？

"cuvée" 是指多个葡萄品种混合酿制的酒，但在过去的几年里，这款桃红酒都是完全用司棋卡雷洛葡萄酿造的，这是科西嘉本土的一个芳香辛辣的葡萄品种（在意大利，叫做夏卡雷罗或玛墨兰）。虽然葡萄皮颜色很深，但单宁并不高，而且含有一种法语称为 sucrosité 的口味——不是甜味，而是一种成熟、多汁的质地，这使它成为酿制桃红酒的合适品种。酿造时不需要破碎葡萄，直接将榨出的果汁浸入不锈钢罐中，就和酿造白葡萄酒一样。发酵的温度要控制在 18℃，以捕获司棋卡雷洛葡萄自然的红浆果香气和鲜明的酸度。正如那些最好的科西嘉酒一样，你能从这种酒里真正感受到风土特征，每一口都能尝到灌木地带或芳香的科西嘉矮树灌木丛的野生草本味道。

酿造者是谁？

科西嘉酒尝起来一半儿法国味，一半儿意大利味。这个多山的群岛曾经被热那亚人统治着，这解释了酒名中的意大利语 Abbatucci。 法国革命英雄让 – 夏尔 – 阿巴图奇将军是拿破仑·波拿巴的战友，他的侄子是现在著名的让 – 夏尔 – 阿巴图奇伯爵，也是葡萄酒酿造者。 在 1962 年，阿巴图奇的父亲采用插枝补救法种植了一座葡萄园，当时他已经明白自然农业的古老方法已经走到尽头，该岛本土的葡萄品种正面临危机。大约 25 年之后，阿巴图奇在相邻的葡萄园种植了用于酿制桃红酒的葡萄树，他采用的是马撒拉选种法——选择葡萄树上最好的插枝种植在新的葡萄园地块里。

酒标解读

生产商名字
有时很难找到生产商的名字，这瓶酒打印在瓶颈处的箔纸上。

酒名全称
前标签的标注模糊得令人恼火，该酒的全名印在背标上（至少在美国是这样）。你想寻找更多的信息，就把酒瓶转过来。

进口商
进口商名字也在背标上，在这儿是加利福尼亚伯克利的承运商克米特·兰什，他使餐馆老板朋友爱丽丝·沃特斯迷上了邦多勒产区唐皮耶酒庄的桃红酒，并开始在其餐厅帕尼斯之家出售，从而在19世纪70年代晚期成功向美国人引荐了干型桃红酒。如今，兰什推崇科西嘉的桃红酒。

双重传承
科西嘉是法国撒丁岛以北的一座美丽岛屿，被称为美丽岛。从该酒厂的名字可以一窥科西嘉迷人的历史：法语的"Comte"配上意大利名称"Abbatucci"。

葡萄酒产区
阿雅克肖位于科西嘉岛西海岸，是科西嘉首府，也是葡萄酒产区名称或原产地命名名称。一旦我们熟悉了产区名称，它们就成为评估葡萄酒的渠道。如果你那里这款酒不够多，那就找另外标有"Ajaccio"的葡萄酒，你知道它也来自科西嘉，也许就是你喜欢的类型。

佳酿名称
"Faustine"是这款佳酿的专有名称，其味道经年一致，以葡萄酒商女儿的名字命名。

DOMAINE COMTE ABBATUCCI CUVÉE FAUSTINE ROSÉ

为什么是这个价格?

通常桃红酒的价格都比较便宜,稀有的科西嘉桃红酒却并非如此。在过去大约三十年里,业界关注的是质量而不是数量,只有少量但质量极佳的葡萄酒可供岛上的观光客饮用。作为力将科西嘉建成优质酒区的领袖,阿巴图奇酒在全世界葡萄酒市场受到追捧。此外,该酒庄还采用生物动力学耕作。为了与这种农业形式相一致,阿巴图奇将他部分的地产变成了森林,用马而不用拖拉机耕地,并在葡萄树行与行之间放养了一群羊"用来除草"。他甚至放音乐给葡萄树听。

搭配什么食物?

地中海桃红酒搭配地中海食物,如烤鱼、鱼羹、加辣椒粉及番红花这样的西班牙香料。其酸度与浓度、独特的水果和香草组合的味道使它们成为烤大蒜或烤洋蓟这样的极辣蔬菜的绝配,当然配沙拉总是没错的。颜色更深的水果味桃红酒可以配像猪肉或鞑靼牛肉这样的肉食;这类酒较清淡,所以搭配更清淡的食物会比较合适。阿巴图奇推荐这款酒作为开胃酒,搭配扇贝生牛肉片、塔塔吞拿鱼或小牛肉烤串。

10 款最好的
科西嘉桃红酒

DOMAINE ANTOINE ARENA	$$
CLOS ALIVU	$$
CLOS CANARELLI	$$–$$$
DOMAINE DE GIOIELLI	$$–$$$
DOMAINE SAPARALE	$–$$
DOMAINE LECCIA	$$
DOMAINE DE MARQUILIANI	$$
DOMAINE ORENGA DE GAFFORY	$–$$
CLOS SONNENTA	$–$$
CLOS TEDDI	$$

世界其他国家相似类型的酒

Caves du Château d'Auvernier, Oeil de Perdrix
瑞士, 纳沙泰尔,奥韦尼耶 $–$$

Bermejo, Listán Rosado
西班牙,加那利群岛,兰萨罗特 $–$$

Château Ksara, Gris de Gris
黎巴嫩,贝卡谷 $–$$

最适食物搭配

绿大蒜汤, 西葫芦馅煎饼,鲜香草白豆

| 大蒜 | 新鲜香草 | 白豆 |

左图:科西嘉的葡萄酒体现了这里险峻美丽的风景。

酒品选择

 专家个人喜好

英国牛津四季农庄餐厅首席侍酒师
阿诺·格勒特推荐

 世界好酒推荐

 DOMAINE DANIEL CHOTARD ROSÉ
（黑品乐）法国，卢瓦尔，桑赛尔 $$

 DOMAINES OTT, CHÂTEAU DE SELLE
（西拉 / 赤霞珠 / 歌海娜 / 神索）
法国，普罗旺斯 $$

DOMAINE BRUNO CLAIR ROSÉ
（黑品乐）法国，勃艮第，马沙内 $$

CHÂTEAU D'ESCLANS
（歌海娜 / 罗勒）法国，普罗旺斯
$$$$

 DOMÄNE GOBELSBURG ROSÉ
（茨威格）奥地利，朗根罗伊斯
$–$$

 CHÂTEAU MIRAVAL ROSÉ
（神索 / 歌海娜）法国，普罗旺斯 $$

 CHÂTEAU LÉOUBE ROSÉ
（歌海娜 / 神索 / 西拉 / 慕合怀特）
法国，普罗旺斯 $$

 SYLVAIN PATAILLE, MARSANNAY
FLEUR DU PINOT（黑品乐）
法国，勃艮第 $$

 CLOS SAINTE MAGDELEINE
ROSÉ（歌海娜 / 神索 / 慕合怀特）
法国，普罗旺斯，卡西斯 $$–$$$

 CA' DEI FRATI, ROSATO DEI FRATI
（格罗派洛 / 玛泽米诺 / 桑娇维塞 /
巴贝拉）意大利，伦巴第 $$

 LA COURTADE, L'ALYCASTRE
ROSÉ（慕合怀特 / 歌海娜 / 堤布宏）
法国，普罗旺斯 $–$$

 COMM. GB BURLOTTO, ELATIS
（内比奥罗 / 派勒维佳 / 巴贝拉）
意大利，皮埃蒙特 $$

 CHÂTEAU SAINTE ROSELINE,
LA CHAPELLE ROSÉ
（慕合怀特 / 歌海娜 / 罗勒）
法国，普罗旺斯 $$–$$$

 ROSA DEL GOLFO（黑曼罗）
意大利，普利亚 $$

 DOMAINE TEMPIER ROSÉ
（慕合怀特 / 歌海娜 / 神索 / 佳丽酿）
法国，普罗旺斯，邦多勒 $$–$$$

 ROCCA DI ONTEGROSSI, ROSATO
（桑娇维塞 / 卡内奥罗 / 美乐）
意大利，托斯卡纳 $$

 TURKEY FLAT VINEYARDS ROSÉ
（歌海娜 / 西拉 / 赤霞珠 / 多切朵）
澳大利亚，巴罗莎谷 $$

 LÓPEZ DE HEREDIA, VIÑA
TONDONIA ROSADO RESERVA
（歌海娜 / 添普兰尼诺 / 维奥娜）
西班牙，里奥哈 $$$$

 UMATHUM ROSA
（蓝弗朗克 / 茨威格 / 圣劳伦）
奥地利，布尔根兰 $

 NIEPOORT, REDOMA ROSÉ
（红阿玛瑞拉 / 多瑞加弗兰卡 / 其他）
葡萄牙，杜罗河 $$

（括号里为葡萄品种）

备选酒

最佳性价比

CAYUSE VINEYARDS, EDITH ARMADA VINEYARD
（歌海娜）美国，华盛顿，瓦拉瓦拉　$$$–$$$$

COMMANDERIE DE LA BARGEMONE
ROSÉ（西拉/歌海娜/神索/赤霞珠）
法国，普罗旺斯艾克斯丘　$–$$

CHÂTEAU BELLEVUE LA FORÊT ROSÉ
（聂格列特/黑佳美/西拉/品丽珠）
法国，弗龙东　$–$$

BIELER PÈRE ET FILS ROSÉ
（西拉/歌海娜/赤霞珠/神索）
法国，普罗旺斯艾克斯丘　$

BRUMONT ROSÉ（丹娜/西拉/美乐）
法国，加斯科涅地区餐酒　$

BORSAO ROSÉ（歌海娜）
西班牙，阿拉贡，博尔哈庄园　$

TSOMIN EXTANIZ ROSADO（白苏黎/红贝尔萨）
西班牙，查克里，赫塔尼亚　$$

MARQUÉS DE CÁCERES ROSADO
（添普兰尼诺/歌海娜）
西班牙，里奥哈　$

FUENTE DEL CONDE ROSADO
（添普兰尼诺/弗德乔/歌海娜）
西班牙，卡斯蒂利亚–莱昂，西加莱斯　$

GOATS DO ROAM ROSÉ
（西拉/慕合怀特/歌海娜/黑佳美）
南非　$

LES CELLIERS DE MEKNÈS, ZNIBER LES TROIS
DOMAINES GRIS（神索/歌海娜）
摩洛哥，告朗尼　$

RAFFAULT ROSÉ（品丽珠）
法国，卢瓦尔，希侬　$–$$

DOMAINE DE L'OCTAVIN, CUL ROND À LA CUISSE
ROSÉ（普萨）法国，汝拉，阿尔布瓦　$$

CHÂTEAU DE ROQUEFORT, CORAIL
（歌海娜/西拉/神索/佳丽酿/维蒙蒂
诺/克莱雷特）法国，普罗旺斯丘　$–$$

PROVENZA, CHIARETTO TENUTA MAIOLO
（巴贝拉/桑娇维塞/玛泽米诺/格罗派洛）
意大利，伦巴第，加尔达　$

CHÂTEAU ROUTAS, ROUVIÈRE ROSÉ
（神索/歌海娜/西拉）
法国，普罗旺斯，普罗旺斯瓦尔区　$

TURLEY WHITE ZINFANDEL（增芳德）
美国，加利福尼亚　$$

TRIENNES ROSÉ（神索）
法国，普罗旺斯，瓦尔省地区餐酒　$$

WILD ROCK, VIN GRIS ROSÉ
（美乐/马贝克/西拉/黑品乐）
新西兰，霍克斯湾　$–$$

TASCA D'ALMERITA REGALEALI LE
ROSE（玛斯卡斯奈莱洛）
意大利，西西里　$

大师班：浸皮

我知道、我知道：我们不应该仅凭外貌来评判任何人或物。但我还是提议你可以通过审视一眼就能推断出一款桃红酒的许多信息。最淡的桃红酒常常是带有咸味的干型酒，特别适合用来配制鸡尾酒。酒的色调越接近黄褐色，就越容易和烤肉或浓鱼肉汤这样的丰盛食物相搭配。如何解释桃红酒不同的色彩呢？两个字：浸皮。

等一等，我知道你在想什么！好了，冷静点，这里所说的浸皮与 9 周半的原始、未整理分级的浸皮无关。这里指的是葡萄皮浸泡在果汁里的时间。一般情况下，葡萄酒颜色越深，浸皮的时间就越长。例如意大利中部的阿布鲁佐产区的桃红酒被称为瑟拉索罗（Cerasuolo, 当地方言"樱桃色"之意），这种酒的颜色已经与红葡萄酒类似了。斯特凡诺·伊卢米纳蒂向我解释说，黑皮的蒙特普恰诺葡萄在榨之前要先被压碎并浸皮大约 16 个小时，从而酿成 vigne nuove——该地区强劲的红葡萄酒（需要 10~18 天浸皮时间）中一种更年轻、更清淡的版本。

相比之下，极淡的桃红酒由于极少的浸皮时间而成为幽灵般的苍白色。有一些是按照酿制白葡萄酒的方法操作的：将红葡萄榨汁而不是压碎，尽可能快地把葡萄里的汁液榨出。淡桃红酒一般采用放血法或从一箱刚刚压碎的红葡萄中抽取果汁的方法来酿制。这种出汁方法使得葡萄酒可以是淡粉色到朱红色之间的任何颜色；浸泡了葡萄皮的葡萄酒由于更多的葡萄皮接触体积而成为更浓稠、更强劲的红葡萄酒。邦多勒的唐皮耶酒庄酿酒师丹尼尔·拉维尔形容桃红酒是最难酿制的类型，因为他必须从黑色的高单宁慕合怀特葡萄中得到非常淡的桃红酒。他的秘方比较复杂：10% 的自流汁，其他为直接压榨汁和压榨前经历了大约 18 小时浸皮的果汁。

酿制桃红酒最无聊和最不常用的方法是简单地把红、白葡萄酒混合在一起。更有趣的是法国罗讷南部塔维尔所用的方法，这里流行将红、白葡萄大杂烩放在同一个大桶里发酵（这里谈论的白葡萄主要是克莱雷特或布尔朗克）。这些混杂的葡萄浸皮时间为 2 ~ 3 天，使果汁只提取出红葡萄皮里的火红颜色，而不吸收那些使舌头皱缩的单宁。

所以就是这样：就像看一眼海报，你就能像推断出 9 周半的辛苦结果如何，你同样能轻易判断出干型桃红酒的特性。去 google 搜索吧，我等着。我就坐在这里品评面前的一排桃红酒。

如何识别这些要素

① 首先，一定要在正规的葡萄酒商店或饭店而不是超市打折区的底架上购买桃红酒。上面的讨论都是针对干型酒，而不是像蓝圣斯、蜜桃红或美国白增芳德这样的桃红甜酒。

② 根据颜色挑选吧（我也这样做）。事实上，颜色越深浸皮时间就越长，而浸皮时间越长通常就意味着具有更多的红色果实风味。

粉红色的阴影

极淡的桃红酒酿制方法类似白葡萄酒：葡萄被立即压榨，果肉与皮立即分离，因此没有吸收多少天然色素。另一种获得淡桃红酒的方法是：让它留在酒泥里，酒泥会剥去酒的颜色。

有一类桃红酒叫做灰中灰，其中最出名的产自狮湾产区，该产区一直延伸到蒙彼利埃周围蔚蓝的地中海区。如果有一种葡萄酒适合在沙滩上饮用的话，那就是这种类型的酒。它大部分或全部采用灰歌海娜葡萄酿制，呈漂亮的淡粉色。

虽然塔维尔和邦多勒地理位置很接近，但两地酿造的是两种完全不同的葡萄酒。醒目的塔维尔酒的酿造方法与红葡萄酒相同，但混合了一些白葡萄；其浸皮时间很短，因而从葡萄皮里提取的天然色素较少。邦多勒酒属于更淡的灰葡萄酒，是普罗旺斯沿海海鲜类食物的理想搭配。

用纳瓦拉葡萄酿制的深粉红色葡萄酒，可以用采血法，使一箱压碎的歌海娜（西班牙语中的黑歌海娜）葡萄汁溢出一些，这样由于减少了液体，剩下的红葡萄酒的颜色就会比较深，酒体也比较浓郁；溢流的果汁被酿制成廉价的果味桃红酒。

黑品乐是一种薄皮葡萄，种植在那些拥有凉爽的雨季、葡萄难以获得浓度和风味的地方，所以用采血法酿制的黑品乐桃红酒相当普遍。

大师班：推荐六款酒

　　首先，沉浸于一系列桃红酒的视觉盛宴。然后一一品尝。你听到物美价廉的灰中灰葡萄酒里歌海娜葡萄的微弱细语和纳瓦拉桃红酒的高声呐喊了吗？色素含量高的黑品乐酿出的桃红酒为何颜色这么淡？瑟拉索罗酒怎么样，它的味道是不是像清淡一些的意大利红酒？最后，用白邦多勒酒和热烈的塔维尔酒犒劳自己吧。这两个地区是世界上最好的桃红酒产区，但是一看就知道，它们采用的是两种完全不同的酿酒程序。

LISTEL ESTATE PINK FLAMINGO TÊTE DE CUVÉE GRIS DE GRIS（灰歌海娜）
法国，朗格多克 – 鲁西荣 $

备选
DOMAINE DE FIGUEIRASSE GRIS DE GRIS（灰歌海娜）
法国，朗格多克 – 鲁西荣 $
DOMAINE LE PIVE GRIS
（灰歌海娜 / 黑歌海娜 / 美乐 / 品丽珠）
法国，朗格多克 – 鲁西荣 $

LEZAUN EGIARTE ROSADO（歌海娜）
西班牙，纳瓦拉 $

备选
CHIVITE GRAN FEUDO ROSADO
（歌海娜）西班牙，纳瓦拉 $

ARTAZURI ROSADO（歌海娜）
西班牙，纳瓦拉 $

JK CARRIERE
GLASS WHITE PINOT NOIR（黑品乐）
美国，俄勒冈，威拉米特谷 $$

备选
SOKOL BLOSSER ROSÉ OF PINOT NOIR（黑品乐）美国，俄勒冈，威拉米特谷，邓迪丘 $$
ELK COVE VINEYARDS PINOT NOIR ROSÉ（黑品乐）美国，俄勒冈，威拉米特谷 $–$$

ILLUMINATI CAMPIROSA CERASUOLO D'ABRUZZO（蒙特普齐亚诺）意大利，阿布鲁佐，阿布鲁佐蒙特普齐亚诺 $–$$

备选
VALLE REALE VIGNE NUOVE CERASUOLO D'ABRUZZO（蒙特普齐亚诺）意大利，阿布鲁佐，阿布鲁佐蒙特普齐亚诺 $–$$
TERRA D'ALIGI CERASUOLO（蒙特普齐亚诺）意大利，阿布鲁佐，阿布鲁佐蒙特普齐亚诺 $

DOMAINE DU GROS' NORÉ ROSÉ
（慕合怀特 / 神索 / 歌海娜）
法国，普罗旺斯，邦多勒 $$–$$$

备选
DOMAINES BUNAN MAS DE LA ROUVIÈRE ROSÉ（慕合怀特 / 神索 / 歌海娜）法国，普罗旺斯，邦多勒 $$
DOMAINE DE TERREBRUNE ROSÉ
（慕合怀特 / 歌海娜 / 神索）
法国，普罗旺斯，邦多勒 $$–$$$

DOMAINE LAFOND ROC EPINE ROSÉ
（歌海娜 / 神索 / 西拉 / 佳丽酿）法国，罗讷，塔维尔 $–$$

备选
CHÂTEAU DES SÉGRIÈS ROSÉ
（歌海娜 / 神索 / 克莱雷特 / 西拉）
法国，罗讷，塔维尔 $$
E GUIGAL ROSÉ（歌海娜 / 神索 / 克莱雷特 / 西拉）法国，罗讷，塔维尔 $–$$

如何侍酒

将这些酒冷藏，在侍酒前将它取出在柜台上放置15分钟左右。凉爽的酒能使你最大程度地体会它的水果味。为你的客人提供尽可能多的杯子，以便他们得到视觉享受。

如何评酒

用诗一样的语言吧。享用桃红酒一半的乐趣来自描述它时所采用的隐喻。有些像鲑鱼肉的浅橙，有些像葡萄柚的红色，有些是西瓜红，有些是如婴儿的屁股一样的粉红。别只是说"淡红色"，这样不够酷！

感官感受

我经常在桃红酒里发现的芳香味道包括清淡的薰衣草、迷迭香、龙蒿、白胡椒、盐，甚至肉豆蔻，及较浓烈的樱桃糖果、覆盆子、蔓越橘和红醋栗。由于桃红酒可以由任何葡萄品种酿制，因此其香气涉及面太广而难以总结。

食物搭配

配油醋汁的芦笋，一篮切片面包，一盘配新鲜香草和橄榄油的大白豆，西班牙香肠薄片。

大师班：趋势如何？
红色、白色和桃红色以外的颜色

红葡萄白酒

在前文中我们介绍过按照白葡萄酒酿制方法处理红葡萄的理念：即轻轻地将葡萄压榨出果汁，而不是将它们压碎，葡萄皮浸渍在液体中使酒着色。如果小心操作（和香槟区的酒窖主人生产黑中白的做法一样），榨出的果汁可以和白葡萄酒一样呈淡色。在俄勒冈，种植了很多黑品乐，以至于都不知道该拿它们怎么办，我最后一次的调查结果显示，至少12名生产商将他们收获的葡萄的一半用于生产黑中白静止葡萄酒。

俄勒冈和香槟并不是仅有的用红葡萄酿制白酒的产地。德国、意大利以及法国的科西嘉都仿而效之，

这种酿酒风格称为尼禄比安科（白黑）。这些酒的分类非常困难，就像桃红酒一样，它们可以用任何红葡萄品种酿制；一旦果汁与葡萄皮分离，葡萄酒在酒窖里可以任何方式发酵：密封钢罐里逗留，或橡木桶里久驻。我品尝过酸度高得足以去掉牙釉的酒款，也喝过像苹果糖一样奇甜的酒款，以及二者之间每一种类型的甜酒。威拉米特谷的酿酒商把他的酒简称为"红葡萄，白果汁"，这算是对这种酒的概括吧。

不相信吗？这里就有一些红葡萄白酒

CA'MONTEBELLO, PINOT NERO BIANCO（黑品乐）
意大利，伦巴第，奥尔特莱伯帕韦斯 $－$$
金冠苹果，桃，杏仁风味
DOMAINE COMTE ABBATUCCI, CUVÉE
COLLECTION BR BLANC（巴巴罗萨）
法国，科西嘉 $$$$
薄荷，乳脂风味，带有白胡椒味道
DOMAINE SERENE, COEUR BLANC BARREL
FERMENTED WHITE（黑品乐）
美国，俄勒冈，威拉米特谷 $$$$
和木桶陈酿的霞多丽酒一样，具有奶油糖果和焦糖的味道

黄色葡萄酒

在西班牙赫雷斯，酒桶里的白酒并不装满，以促进"花"的形成，即覆盖液体表面的酵母，制成淡色干型雪利酒，称作菲诺酒或曼赞尼拉酒。如果你享用过这种干型雪利酒，那就试与瑞士毗邻的法国东部葡萄酒产区汝拉的黄葡萄酒，这些产区将保护酵母层称为薄纱或面纱。和雪利酒一样，黄色葡萄酒味道浓郁，具有果仁味；不同于雪利酒的是，它不是加强型酒，经过了多年木桶陈酿后与氧气接触时会转变为明显的芥末黄的颜色。这种酒天生酸度很高（13%~15%），可以无限期陈酿。如果喜欢喝黄葡萄酒的话，那就再试试法国加亚克产区的薄纱酒吧。

橙色葡萄酒

　　用红葡萄酿制白酒或桃红酒，只需要遵循白葡萄酒的酿造程序：在葡萄皮的天然色素使液体着色之前，把皮里的果汁榨出来。但是如果逆转这个过程，用红酒的酿造方法酿造白酒会怎样？你会得到橙色葡萄酒。（是的，橙色葡萄酒并不是橙色果汁发酵而来的！）事实是，如果你观察一串"白"葡萄酒葡萄，你会看到一系列颜色：绿色、金色、粉红和灰色。白葡萄酒通常颜色很淡，因为葡萄皮的果汁被榨出并与液体分离了。但是将淡色的葡萄皮在果汁中浸泡将使葡萄酒变成金色或桃红色，或其他色，是的，橙色。是真的，没开玩笑。

　　涩口芳香的葡萄皮在液体浸泡的时间越长，玻璃杯里酒的特征就越发离奇：柠檬酱、肉豆蔻、蜂蜜、干杏、洋甘菊、黄李子、甘草，坦白说吧，有时还有不错的酸牛乳酒和醋的特别味道。酒之所以会具有那些古怪的风味和黄色的色调，是因为浸皮通常是在有充分的氧气接触的开口罐子里进行的。橙色葡萄酒的发源地在意大利东北部弗留利与斯洛文尼亚西部的布尔达葡萄酒产区交汇的地方。这里，受人欢迎的橙色葡萄酒是由浅粉色的丽波拉·盖拉葡萄酿制的。全世界的酿酒商都在尝试酿造这类酒，马尔维萨、灰品乐、长相思和扎比安奴葡萄取得了成功。

值得一试的橙色葡萄酒

Paolo Bea, Arboreus（扎比安奴）
意大利，翁布里亚 $$$$

La Biancara di Angiolino Maule, Pico（卡尔卡耐卡）
意大利，威尼托 $$–$$$

Gravner, Anfora（丽波拉·盖拉）
意大利，弗留利 – 威尼斯 – 朱利亚 $$$–$$$$

Movia, Lunar（丽波拉·盖拉）斯洛文尼亚 $$–$$$

La Stoppa, Ageno（白玛尔维萨）
意大利，艾米利亚 – 罗马涅区 $$–$$$

The Scholium Project, Prince in His Caves Farina Vineyards
（长相思）美国，加利福尼亚 $$$–$$$$

Edi Simčič, Rebula Rubikon（丽波拉·盖拉）
斯洛文尼亚，格里斯卡布尔达 $$

Radikon, Ribolla Gialla（丽波拉·盖拉）
意大利，弗留利 – 威尼斯 – 朱利亚 $$–$$$$

一位业界领袖

　　约斯科·格拉夫纳（右）是备受争议的特色橙色葡萄酒生产商之一。在他意大利弗留利专门打造的酒窖里，用的酿酒容器是 45 个大型黏土两耳细颈酒罐。为防止泄露，这种来自高加索的两耳细颈酒罐内部用蜂蜡做里衬。数千年来，高加索的葡萄酒生产者都是用这样的容器来酿酒。格拉夫纳把白葡萄放在这种酒罐中发酵，浸皮 6 个月，然后榨汁后再浸皮 6 个月。接下来葡萄酒要在密实的斯拉夫尼亚木桶中陈酿 6 年。成酒呈磨光琥珀金色或（如果你愿意那样说的话）橙色色调。

清淡而清新的红葡萄酒

清淡而清新的红葡萄酒

　　欧洲大陆人喜欢研究肠胃的运作是出了名的。意式面食不能在晚餐时食用：它会在肠子里待一整晚！沙拉必须紧跟前菜，以保持消化系统顺畅；无汽矿泉水比每日多种维生素片更重要；餐前一定要喝开胃酒以刺激食欲，餐后要喝消化酒以舒缓肠胃。午餐没有葡萄酒？绝对不行。问题是，现在那么多糖浆似的红葡萄酒都含有酒精，你若在午饭时喝上一杯就会面临回到办公室后的可怕后果（那就是：趴在键盘上睡觉）。

　　既然我们大多数人工作日不允许午休，我们这些美食家就要指望清淡的红酒了。这些红酒来自气候凉爽的种植区域，富含酸度和矿物质味而非果味和力道。它们的颜色常在淡色到宝石红之间，单宁的黏附感低，酒精度低于13.5%。葡萄酒极客们喜欢这些清淡红酒的精美纯粹；美食家是这类葡萄酒的超级粉丝，因为它们能够突出食物而不是压制食物。一款新鲜、爽利、清淡的红酒几乎可以和任何食物搭配，只是要避免甜点，它们会和这些葡萄酒中的果酸味相冲突。

　　无论你信不信，就在几十年前，几乎所有的红酒，包括赤霞珠酒在内，都被形容为"新鲜清淡"。但气候发生了巨大的变化，耕种和酿酒模式也变了。幸运的是，近年来对凉爽气候葡萄栽培感兴趣的新浪潮引起了清淡新鲜的红葡萄酒的复兴。所以下次午餐会不要再点无聊的无糖汽水，要一杯精美的灰斯查瓦酒吧，你可以解释说你有一个意大利胃。

你会喜欢这类酒，如果：

· 你自认为是"白葡萄酒酒客"；
· 红酒通常会让你头疼；
· 你喜欢较清淡的食物，比如鱼和蔬菜。

专家的话

　　"用蔬菜搭配红酒一直都是个棘手的问题：比如，用芦笋或豌豆来搭配可能就是噩梦，但它们搭配奥地利的蓝弗朗克酒或博若莱佳美酒确实很合适。我喜欢卢瓦河谷带有泥土芳香的黑诗南酒配我们大厨做的点了一些松露油的腌烤蘑菇。清淡的红酒里的酸度使其可与油醋汁或高酸度酱汁搭配。"

　　美国纽约 Rouge Tomate 餐厅酒水总监，帕斯卡利娜·勒佩尔捷

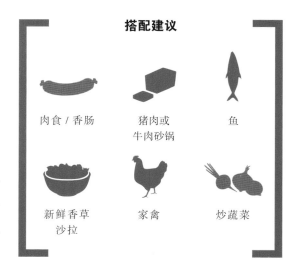

搭配建议

| 肉食 / 香肠 | 猪肉或牛肉砂锅 | 鱼 |
| 新鲜香草沙拉 | 家禽 | 炒蔬菜 |

价格指数

$	低于15美元	$$$$	50～100美元
$$	15～30美元	$$$$$	100美元以上
$$$	30～50美元		

酒品推荐

黑品乐酒 法国，勃艮第

如果你习惯喝新西兰或加利福尼亚的黑品乐酒，你可能会疑惑这种葡萄怎么会在"清淡而清新的红葡萄酒"这一节中。在凉爽、潮湿的勃艮第（还有加拿大和俄勒冈），品乐葡萄显示出它的脆弱和优雅。最好的勃艮第红葡萄酒具有电流一样难以捉摸的花香，令人难以忘怀。

价格：
S~$$$$$

酒精度：12% ~14%

适饮时间：
酿造后 2~50 年

黑佳美 美国，俄勒冈，威拉米特谷

如果尝过廉价的法国博若莱葡萄酒，你就会认识到该地区的葡萄品种黑佳美酿成酒的风味。以前的博若莱新酒呈现出佳美浓郁的泥土芳香和香料味。在法国的卢瓦尔谷、加拿大的尼亚加拉半岛和美国纽约手指湖也能找到美味的佳美酒。

价格：
S~$$

酒精度：12% ~13%

适饮时间：
酿造后 0~5 年

品丽珠 加拿大，安大略，尼亚加拉

品丽珠在法国波尔多、美国、澳大利亚、智利和世界上其他许多地方作为混合酒的葡萄品种。在气候凉爽的产区，如加拿大的欧肯那根谷和尼亚加拉，美国的手指湖和长岛，这种多汁、清爽、带有黑醋栗和爽口的青椒气味的葡萄品种正以惊人的速度增长。

价格：
S~$$

酒精度：12% ~13.5%

适饮时间：
酿造后 2~5 年

特鲁索 法国，汝拉

因布鲁斯鸡而闻名的寒冷的汝拉，其不同寻常、美味可口的红酒（其实是暗粉色）迅速出名：普萨酒和特鲁索酒。普萨酒比较清淡，趋向于西瓜和白胡椒的味道；特鲁索酒体现出更多的草木味和深度。两者与家禽搭配都非常可口。

价格：
S~$$

酒精度：12.5% ~13.5%

适饮时间：
酿造后 3~5 年

茨威格 奥地利，坎普谷

当斯贝博贡德（黑品乐）酒在德国大受欢迎的时候，奥地利的蓝弗朗克酒和茨威格酒也在大行其道。蓝弗朗克酒的香料味更浓、更丝滑，茨威格酒更适饮，有深色水果味道，酒体轻。侍酒前冷藏，搭配咸牛肉和卷心菜。

价格：
$$

酒精度：12.5% ~13.5%

适饮时间：
酿造后 1~5 年

蓝布鲁斯科 意大利，艾米利亚－罗马涅

意大利北部的半起泡红酒正在复兴，因为葡萄酒爱好者意识到了这些果汁浓、低酒精度的干型起泡酒搭配食物是多么美味。直到最近，在艾米利亚－罗马涅和皮埃蒙特的布拉凯多阿奎的小型生产商出品的蓝布鲁斯科酒才出现在世界的优质酒行。

价格：
S~$$

酒精度：10.5% ~11.5%

适饮时间：
即饮

酒款介绍：

JOSEPH DROUHIN LAFORÊT BOURGOGNE PINOT NOIR

基本情况

葡萄品种：黑品乐

地区：法国勃艮第

酒精度：12.5%

价格：$–$$

外观：明亮、透明的红宝石色

品尝记录（味道）：多汁的酸山竹果，黑莓，新割青草，白胡椒香料，野生蘑菇，矿物质。活跃，酸度充足

食物搭配：鲑鱼，五香蔬菜，家禽或猪肉

饮用或保存：新鲜、果汁味浓的黑品乐酒适合即饮，但质量更好的勃艮第黑品乐酒可以保存起来以后再喝

为什么是这种味道？

如果你习惯了喝浓郁型的红酒，喝一口凛冽的黑品乐酒就像要潜入冰冷的水中：你也许很犹豫要不要跳进去，但一旦你这样做了，就会明白有多美妙。薄皮、高酸度、矿物质味浓的勃艮第黑品乐葡萄达到了激动人心的美味巅峰，在这里，讲究方法的修道士用数百年时间摸索适合这种脆弱、难照料的葡萄品种最好的微气候和栽培方法。这里凉爽、潮湿的气候意味着这种葡萄很少在收获季节及时成熟——如果能成熟的话。一旦很好地成熟，这里的美味无法为世界上其他地方所复制。

酿造者是谁？

经营130年后，约瑟夫庄园仍是家族企业，富有思想的第四代人——菲利普、维罗妮卡、劳伦和弗雷德里克在家长罗伯特的关照下经营着酿酒和种植产业。这是个大公司，在整个勃艮第拥有多个葡萄园，在美国拥有卫星酒厂（俄勒冈杜鲁安酒庄），公司的重心始终是无可挑剔的耕种方式和酿造精美的葡萄酒。杜鲁安酒庄在自己的土地上实施生物动力学耕作（后文有更多关于该主题的内容），酿酒用的葡萄来自多个种植者。葡萄酒轻盈的酒体和水果风味部分来自于不锈钢容器的陈年；柔和的香料味和丝滑质地来自部分在旧的中性橡木桶中的陈酿时间。

酒标解读

盖具
虽然通常杜鲁安珍稀的出品是用软木塞密封的，这瓶入门级即饮型瓶装酒是以螺丝帽密封的，以便轻松携带和开启。

生产商名字
约瑟夫杜鲁安酒庄为家族所有，是勃艮第地区最著名的酒庄之一，是其各个价位的葡萄酒高品质的代名词。

葡萄酒名称
"拉佛瑞"是这种特酿或混酿酒的专有名称，其味道年年都应该是相当一致的。

产区名称
标有"Bourgogne"的葡萄酒可能来自勃艮第产区的任何地方。来自杜鲁安酒庄这样的顶级生产商的勃艮第葡萄酒的产区标注不免简单了些，但看起来也是相当愉快的。

酒精度
具有12.5%的酒精度，这种清淡、新鲜的灰品乐酒在午餐、鸡尾酒时间或工作快餐时饮用都不会令人感觉乏味。

JOSEPH DROUHIN LAFORÊT BOURGOGNE PINOT NOIR

为什么是这个价格？

好了，我在这里坦白交代：如果我要买约瑟夫杜鲁安酒庄的红酒，那就是芳香醉人的"情侣（Amoureuses）"（$$$$$），来自尼依酒区丘庄尚博尔—米西尼的单一葡萄园。酒庄老板维罗妮卡·杜鲁安不仅负责酿造收藏者梦想的葡萄酒，也酿制这种价廉物美的清淡红酒供大众享用。原因如此：杜鲁安酒庄不仅仅是家族管理的珍贵独立庄园，同时也是酒商。也就是说，她是一座在整个勃艮第地区向生产者收购葡萄的酒厂。其充足的葡萄来源使得杜鲁安葡萄酒（就像这一款）可以为消费者提供特价。购买一瓶杜鲁安这样的顶级酒商生产的物美价廉的瓶装酒，就像在美食杂货店的批量区域购买食品一样：肯定质优价廉。如果你在工作日的夜晚喝过像"拉佛瑞"这样的基本款葡萄酒，你一定会在周末去探索杜鲁安的单一葡萄园酒，那时你就会有时间好好欣赏勃艮第出产的佳酿。

搭配什么食物？

灰品乐酒的食物搭配范围最为广泛。家禽、猪肉，甚至多汁的牛排与这种优雅的红酒中鲜明的果香和清新的酸度都是美味的组合。它足够清淡，能与海鲜或沙拉互补，但它也具有朴实的深度，可以和蘑菇烤宽面条搭配。与灰品乐酒确实不适合的食物是又甜又黏的甜点（如果你一定要在用餐结束时享用品乐酒，那就选择新鲜浆果或又苦又甜的黑巧克力吧）。

最适食物搭配

森林松鸡配油煎鸡油菌

家禽　　　烤蔬菜　　　野蘑菇

10 款最好的
勃艮第酒

DOMAINE CHARLES AUDOIN	$$–$$$
DOMAINE FRANÇOIS GAY ET FILS	$$–$$$$$
MAISON LOUIS JADOT	$–$$$$$
DOMAINE MICHEL LAFARGE	$–$$$$$
DOMAINE J-F MUGNIER	$$$–$$$$$
DOMAINE P ET M RION	$$–$$$$
DOMAINE MARC ROY	$$$–$$$$
DOMAINE DE LA ROMANÉE-CONT	$$$$$
DOMAINE FANNY SABRE	$–$$$
DOMAINE COMTE GEORGES DE VOGÜÉ	$$$$$

世界其他国家相似类型的酒

Au Bon Climat Pinot Noir
美国，加利福尼亚，圣巴巴拉县 $$

Ata Rangi Pinot Noir
新西兰，马丁堡 $$$–$$$$

Le Clos Jordanne Village Reserve Pinot Noir
加拿大，安大略省，尼亚加拉 $$$

左图：杜鲁安酒庄和许多其他酒商所在的城镇里伯恩慈济院的屋顶。

酒品选择

 专家个人喜好

由美国旧金山米娜集团酒水总监及
RN74 餐厅合伙人 / 品酒师拉雅·帕尔
推荐

 世界好酒推荐

DOMAINE DE BELLIVIÈRE,
LE ROUGE-GORGE（黑诗南）
法国，卢瓦尔酒区 $$

VILLA PONCIAGO, FLEURIE（黑佳美）
法国，博若莱 $$

CATHERINE & PIERRE BRETON,
FRANC DE PIED（品丽珠）
法国，卢瓦尔，布尔格伊 $$–$$$

GHISLAINE BARTHOD,
BOURGOGNE ROUGE（黑品乐）
法国，勃艮第 $$

WEINGUT BRÜNDLMAYER（茨威格）
奥地利，坎普谷 $

SYLVIE ESMONIN,
GEVREY-CHAMBERTIN
VIEILLES VIGNES（黑品乐）
法国，勃艮第 $$$

DOMAINE DUJAC, CHAMBOLLE-
MUSIGNY PREMIER CRU LES
GRUENCHER（黑品乐）
法国，勃艮第 $$$$

J-F MUGNIER, CHAMBOLLE-
MUSIGNY PREMIER CRU LES
FUÉES（黑品乐）法国，勃艮第 $$$$

JEAN FOILLARD,
MORGON CÔTE DU PY（黑佳美）
法国，博若莱 $$–$$$

ARMAND ROUSSEAU GEVREY-
CHAMBERTIN PREMIER CRU
CAZETIERS（黑品乐）
法国，勃艮第 $$$$

THIERRY PUZELAT,
LE ROUGE EST MIS（莫尼耶品乐）
法国，卢瓦尔谷 $$

CHARLES JOGUET,
CHINON CLOS DE LA DIOTERIE
（品丽珠）法国，卢瓦尔 $$$

SOTTIMANO, MATÉ（布拉凯多）
意大利，皮埃蒙特 $$

JACKY BLOT, DOMAINE DE LA
BUTTE, BOURGUEIL MI-PENTE
（品丽珠）法国，卢瓦尔 $$$

CANTINA TERLAN-KELLEREI
GRAUVERNATSCH（灰斯查瓦）
意大利，上阿迪杰 $

FROMM WINERY,
LA STRADA PINOT NOIR
新西兰，马尔堡 $$$

BÉNÉDICT & STÉPHANE TISSOT
SINGULIER（特鲁索）
法国，汝拉，阿尔布瓦 $$

NIEPOORT, CHARME
（多瑞加弗兰卡 / 罗丽红）
葡萄牙，杜罗 $$$

LE FILS DE CHARLES TROSSET,
CUVÉE CONFIDENTIEL（蒙德斯）
法国，萨瓦，阿尔班 $$

FIORINO LAMBRUSCO
（蓝布鲁斯科）
意大利，艾米利亚 – 罗马涅 $$

（括号里为葡萄种类）

有机、生物动力学或自然耕作

最佳性价比

BRICK HOUSE, GAMAY NOIR（黑佳美）
美国，俄勒冈，威拉米特谷，缎带岭 $$

AHA WINES, BEBAME RED（品丽珠 / 黑佳美）美国，加利福尼亚，雅拉丘陵，埃尔多拉多县 $$

JEAN-PAUL DUBOST TRACOT, MOULIN-À-VENT, EN BRENAY（黑佳美）
法国，博若莱 $$

EVENING LAND VINEYARDS, CELEBRATION（黑佳美）美国，俄勒冈，威拉米特谷，埃奥拉 – 阿米提山 $$

FELTON ROAD, BLOCK 5（黑品乐）
新西兰，中奥塔哥 $$$$

TAMI'
FRAPPATO（弗莱帕托）
意大利，西西里 $–$$

DOMAINE HUBER-VERDEREAU, VOLNAY（黑品乐）
法国，勃艮第 $$$

BOUCHARD AÎNÉ & FILS, BOURGOGNE ROUGE（黑品乐）
法国，勃艮第 $

JOHAN VINEYARDS, ESTATE（黑品乐）
美国，俄勒冈，威拉米特谷 $$

CASTELFEDER, RIEDER（勒格瑞）
意大利，上阿迪杰 $$

FAMILLE PEILLOT, BUGEY MONDEUSE（蒙德斯）
法国，萨瓦，比热 $$

CLETO CHIARLI, VIGNETO ENRICO CIALDINI（蓝布鲁斯科格斯帕罗萨）意大利，艾米里亚 – 罗马涅，卡斯特尔维特罗 $

SOUTHBROOK VINEYARDS, TRIOMPHE（品丽珠）
加拿大，安大略，滨湖尼亚加拉 $$

JACKY JANODET, DOMAINE LES FINES GRAVES（黑佳美）
法国，博若莱 $

DOMAINE DE LA TOURNELLE, L'UVA ARBOSIANA（普萨）
法国，汝拉，阿尔布瓦 $ – $$

MONTINORE ESTATE（黑品乐）
美国，俄勒冈，威拉米特谷 $–$$

CHÂTEAU DE VAUX, LES HAUTES BASSIÈRES（黑品乐）法国，摩泽尔 $$

DOMAINE TAUPENOT-MERME, PASSETOUTGRAIN（黑品乐 / 黑佳美）
法国，勃艮第 $$

DOMAINE DE VEILLOUX, ROUGE（黑佳美 / 黑品乐 / 马尔贝克 / 品丽珠）
法国，卢瓦尔谷，舍韦尼 $

VALLE DELL'ACATE, IL FRAPPATO（弗莱帕托）
意大利，西西里，维多利亚 $–$$

大师班： 非破碎酿酒

描述收获期间数天或数周酒窖所进行的活动就是"crush"；用来采摘、处理和控制发酵所耗费的时间和精力都起着决定性作用（crushing）；同时，葡萄也要被压碎（crushed）。对吗？好吧，其实也不一定。有些希望酿造更清淡、更传统或更芳香的红酒的生产商，选择不压碎所有或部分的葡萄，保留完整的葡萄皮和葡萄茎。

非破碎酿酒最极端的例子被称为二氧化碳浸渍法。葡萄酒商小心地往桶里放入完整的葡萄串，保证葡萄皮完整不破裂（虽然底部的葡萄串不可避免会被压碎而开始发酵），然后在密封前往箱子里充满二氧化碳气体。在接下来一周左右的时间里，在这种无氧的环境中，每个葡萄都开始在皮内发酵。用这种方法可以酿出色泽较淡、单宁较低、柔和丰美的葡萄酒。

酿酒商用这种方法成功地酿造出著名的博若莱新酒，价格便宜的年轻黑佳美酒像时钟一样准确于每年11月的第三个星期四出现在商店的货架上，味道像带酒精的热带水果宾治酒。在西班牙里奥哈产区的一些地方，有些酿酒师也采用二氧化碳浸皮法酿造便宜、丰美的添普兰尼诺酒。

葡萄酒商选择整串发酵，如果操作正确，该方法能够捕获新鲜水果的味道、增加香料味和芳香的气味并缓和单宁。酿酒师将葡萄串整个放入发酵箱前并不破碎去蒂。你会发现这种方法不仅仅被用于酿造更庄重的博若莱酒，全世界的黑品乐酒生产商都有人使用这种方法。

顺便说一下，非破碎（或部分破碎）酿酒法并不单单用来酿造清淡红酒。罗讷河谷狂热酿酒师埃里克·特谢尔就是通过二氧化碳浸皮法酿造西拉酒。据美国品酒师贾特·帕尔说，一些皮埃蒙特旧学院派生产商也用这种方法酿造强劲的内比奥罗酒。

帕尔是整串发酵法的超级粉丝。他喜欢自己的饭店酒单上那些实践整串发酵的酒厂，他也在自己位于加利福尼亚圣丽塔山的桑迪酒厂应用这种方法。"许多我喜欢的酿酒商都使用整串发酵法，"帕尔说，"我认为整串发酵比去蒂葡萄的发酵更持久、效果也更好。"

如何识别这些要素

① 用二氧化碳浸皮法酿造的佳美酒有博若莱酒独特的香气和味道：想想草莓－蔓越橘－覆盆子饮料（有时候是一种离奇的熟香蕉的气味，有人相信这其实是由某一种酵母菌株造成的）。

② "整串发酵使口感变得柔和，因此酿造的葡萄酒具有惊人的质地：丝滑而不黏稠，"贾特·帕尔说，"就像沙子和岩石之间的区别：单宁变得松散，不那么厚实。"

③ "你将会发现茉莉花茶、玫瑰花瓣、橄榄酱、佛手柑、石榴、大黄和香料的气味。在去蒂发酵葡萄酒里你是找不到这些气味的。"整串发酵酿酒师帕尔这样说。

整串发酵

将整串葡萄和破碎的葡萄混合在一起发酵是很普遍的做法。酿酒商也会在箱底放一些整串葡萄，顶上覆盖着去蒂压碎的葡萄。

二氧化碳浸皮法的箱顶是密封、与空气隔绝的。而整串发酵的箱顶是开放的。

酒窖工人小心地进行着"润湿帽子"的操作，即将浮到顶部的固体层压下去，保持葡萄皮浸在液体中又不干扰底部的整串葡萄。这可是累人的活！

也可以采用更轻柔的动作，只需要坐下来小心地用脚把浮起的物质压下去就行了。

大师班： 推荐六款酒

　　如果你尝试了博若莱新酒，你就会发现这种并不昂贵的酒中的神韵和美味程度。在西班牙里奥哈，最好的葡萄都要在昂贵的木桶里陈酿成为佳酿酒或珍藏瓶装酒，其他的葡萄放在不锈钢罐里采用二氧化碳发酵法制作年轻的葡萄酒。另一个特价酒的来源就是朗格多克－鲁西荣，这里的酿酒师采用部分二氧化碳浸渍或整串发酵法来平缓佳丽酿葡萄中的单宁。如果你肯多支付一点的话，探索一下勃艮第及其周边，那里的酿酒师采用整串发酵法来加强灰品乐酒里水果、香料和泥土的气味。

DOMAINE DE LA GRAND'COUR CLOS DE LA GRAND'COUR（黑佳美，二氧化碳浸渍法）法国，博若莱，花坊 $$

备选
DOMAINE DE LA VOÛTE DES CROZES（黑佳美，二氧化碳浸渍法）法国，博若莱，布鲁伊酒区 $$
JEAN MAUPERTUIS LES PIERRES NOIRES（黑佳美，二氧化碳浸渍法）日常餐酒，法国，卢瓦尔谷 $

LUBERRI ORLEGI（添普兰尼诺，二氧化碳浸渍法）西班牙，里奥哈，阿拉瓦里奥哈 $

备选
BODEGAS MEDRANO IRAZU JOVEN（添普兰尼诺，二氧化碳浸渍法）西班牙，里奥哈，阿拉瓦里奥哈 $
FERNANDO REMÍREZ DE GANUZA ERRE PUNTO（添普兰尼诺／格拉西亚诺／维奥娜／马尔维萨，二氧化碳浸渍法）西班牙，里奥哈，阿拉瓦里奥哈 $

DOMAINE DES SCHISTES TRADITION（西拉／佳丽酿／歌海娜，整串发酵）法国，朗格多克－鲁西荣，鲁西荣村庄酒区 $

备选
DOMAINE DE FONTSAINTE ORBIÈRES ROUGE（佳丽酿／歌海娜／西拉，整串发酵）法国，朗格多克－鲁西荣，柯比耶 $
PCHÂTEAU D'OUPIA LES HÉRÉTIQUES（佳丽酿，部分二氧化碳浸渍法）法国，朗格多克－鲁西荣，埃罗省地区餐酒 $

DOMAINE DES LAMBRAYS CLOS DES LAMBRAYS GRAND CRU（黑品乐，整串发酵）法国，勃艮第，莫瑞－圣丹尼 $$$$$

备选
CHÂTEAU DE LA TOUR CLOS-OUGEOT GRAND CRU（黑品乐，整串发酵）法国，勃艮第，武若 $$$$$
DOMAINE DE L'ARLOT NUITS-ST-GEORGES PREMIER CRU CLOS DES FORETS ST-GEORGES（黑品乐，整串发酵）法国，勃艮第 $$$$

ESCARPMENT KUPE（黑品乐，整串发酵）新西兰，威拉拉帕，马丁堡 $$$

备选
RHYS VINEYARDS FAMILY FARM VINEYARD（黑品乐，整串发酵）美国，加利福尼亚，圣克鲁兹山 $$$$
DOMAINE CHANDON PINOT MEUNIER（莫尼耶品乐，整串发酵）美国，加利福尼亚，纳帕谷，卡内罗斯

CRISTOM MT. JEFFERSON CUVÉE（黑品乐，部分整串发酵）美国，俄勒冈，威拉米特谷 $$–$$$

备选
BRICK HOUSE SELECT（黑品乐，部分整串发酵）美国，俄勒冈，威拉米特谷 $$–$$$
WILLAMETTE VALLEY VINEYARDS WHOLE CLUSTER FERMENTED（莫尼耶品乐，整串发酵）美国，俄勒冈，威拉米特谷 $$

如何侍酒

二氧化碳浸渍法酿制的年轻葡萄酒在稍冷藏后味道最佳，比如说 13℃，所以在开启软木塞前把它放在冰箱里冷藏 30 ~45 分钟。整枝发酵法酿造的葡萄酒也是在温度比室温低时有较好的表现。试着将灰品乐酒冷藏 15~30 分钟再打开，这样能最好地突出它微妙的香料味和水果芳香。

如何评酒

一旦你开始研究二氧化碳浸渍法和整串发酵法，你就可能为之入迷。有必要熟悉一些行话。因为很少有葡萄酒是完全由二氧化碳浸渍法或整串发酵法酿制的。你会经常听到诸如"半二氧化碳法""部分二氧化碳法"或"30% 整串发酵"这样的行话。还要知道在新西兰、澳大利亚和英国，行家经常用"整簇"来代替"整串"。

感官感受

如果你品尝过博若莱新酒，你可能会认为二氧化碳浸渍法总是会导致简单、混合水果的香气和味道。但在更高级的博若莱红酒中，比如里奥哈产区的添普兰尼诺和朗格多克的佳丽酿酿成的葡萄酒却鲜美丰醇、单宁柔和。葡萄酒经历了整枝发酵带上了新鲜水果味、丝滑的质地和白胡椒与肉桂的香气。但是有时候也会有令人讨厌的青涩口感。

食物搭配

二氧化碳浸渍法酿制的葡萄酒里大红色果实的气味能够使火腿这样的美味咸肉吃起来更加可口，而经典的感恩节大餐里烤火鸡及其填料、蔓越莓酱和甘薯更是绝对需要丰美的博若莱酒来冲咽。整枝发酵葡萄酒颇为微妙，所以也可以试着搭配微妙的菜肴，比如清蒸粗麦粉或香草猪肉。

大师班：趋势如何？
有机的、生物动力学的和自然的葡萄酒

有机葡萄酒

早在 19 世纪 70 年代和 80 年代，"有机酒厂"大量生产一种时髦的嬉皮士果汁，只有被麻醉的人才会觉得它的味道好。但如今，有机葡萄酒属于世界上最好的葡萄酒。为什么？首先，消费者对于环境和健康问题的觉醒已经演变成一种对于高质量有机食物和饮品需求的增长。作为对这种需求的响应，有机耕种与酿造方法也日益提升。同时，对于葡萄酒热情空前高涨，史无前例地出现了一大批酒行家研究"风土"，即从葡萄酒里品尝到与葡萄园所在地有关信息的概念。如果那个葡萄园被喷洒了化学物质，你还愿意品尝它们吗？

与年年更替的作物不同，葡萄藤可以连续一个世纪或更长时间在同一地方结出果实。但是当过去几十年里种植的葡萄树果实又一次成熟后，酿酒师发现葡萄质量和葡萄酒的品质也有所下降。他们决心拯救他们的老葡萄树，将重心放在恢复土壤的营养素和微生物活动上，种植覆土植被并施有机肥，这种模式为消费者所欢迎。但购买有机产品可能是令人困惑的——存在无数的可持续耕种和有机认证，更别说语言障碍了：表示有机的英语单词是"organic"，而是法语表示却是"bio"。再者，做认证资料的整理准备工作并缴纳费用令许多酿酒商不胜其烦。所以最好的办法就是请你的侍酒师或葡萄酒商推荐有机或可持续耕作生产的葡萄酒。

生物动力学葡萄酒

"生物动力学"听起来可能像一种抽象的实践活动，但它是现代有机耕种的前身。一位另类的奥地利精神领袖鲁道夫·斯坦纳将这种超自然的农业方法总结为 1924 年的一系列讲座，以应对土地所有者们日益增长的担忧。那时，第一次世界大战留下的化学军工厂仍在运营，但不再制造武器，而是利用新的氮合成技术用来制造化学肥料。斯坦纳恳求公众考虑这些化学物质将带给人类和环境健康的风险，提倡另一种基于传统耕种模式和古代宗教信仰的种植方法。

生物动力学耕作不使用有机肥料和杀虫剂，而是喷洒草本"天然物质"，类似于生物防治。由于耕作中需要的"天然物质"要用到动物部件（如牛角），而且他们常常根据月相来安排进度，因此实施者常被认为是狂热而奇怪的。但实际上，仅仅在 20 世纪，我们才开始实施"常规"农业；而在第一次世界大战之前的几千年里，所有的耕种基本都是"生物动力学"的。因为对风土和传统感兴趣，很多葡萄酒酒商和葡萄酒爱好者成为生物动力学耕种最热心的支持者。但批评家建议要谨慎，并给出了一个缺乏证据的理由，那就是劳动密集型生物动力学耕种只能提高葡萄酒的价格。

推荐阅读

吉米·米德，山姆·哈洛普，《正宗的葡萄酒：采用自然、可持续酿造方法》(加利福尼亚大学出版社)

"有机葡萄酒"和"有机葡萄酿造的"葡萄酒有什么区别？而那些怪异的生物动力学"天然物质"又是什么？"不干涉主义者"是什么意思？为了保证葡萄酒是有机的或生物动力学的，酿酒师在酒窖里必须做（或不能做）什么？对生态好奇的葡萄酒爱好者们可以在这本知识广博、新颖易读的参考书中找到所有这些问题的答案以及更多的葡萄酒知识。

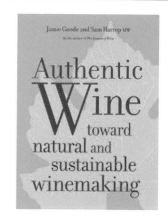

自然的葡萄酒

美食场景中的达人们都在谈论"自然"葡萄酒。但是葡萄酒中的什么东西构成了自然的特性？毕竟，在超市里这个叫法是没有意义的：声称"自然"的商品似乎都是密封并充满了添加剂。但在葡萄酒王国中，这个词的分量就更重了。在一个借助化学物质和机器使大量生产劣质酒成为可能的时代，自然葡萄酒运动崇尚真实。这是一个消费者驱动的变革。酒厂很少自诩"自然"；更多的是品酒师、酒商和葡萄酒爱好者用这个词来形容采用有机耕种模式、拒绝使用添加剂和现代技术的生产者们。

虽然自然葡萄酒运动中不乏大师，但缺乏主管部门或任何具体的指导。这里有一个对于"自然"酿酒的一般描述：生态环保的耕种之后，葡萄园工人手工采摘而绝不用机器收割。然后把葡萄放进容器中，混凝土容器或橡木桶都比不锈钢容器好，酿酒师用本土或"野生"酵母促成首次和二次发酵，而不是在浸皮葡萄里加入人工培养的酵母。不提倡使用过滤器和澄清剂（甚至像蛋白这样的"自然"物质）。禁止加入添加剂——酵素、橡木片、水、糖或酸，使用高科技来平滑单宁或增加浓度也是不允许的。

无添加

我们为什么要在这里讨论有机、生物动力学和自然葡萄酒？如果你建立一个追求较"自然"酿酒方法的酿酒师和生产清淡、新鲜的红葡萄酒酒厂的韦恩图的话，你会看到二者有很多交叉。勃艮第、俄勒冈和加利福尼亚以及新西兰的很多顶级酒庄都把生物动力学耕作看作培植精美的灰品乐葡萄最好的方法。卢瓦尔谷的许多品乐和品丽珠葡萄酒商也相信这种耕种方式。像萨瓦省的蒙德斯酒或汝拉的特鲁索和普萨酒都是自然酿酒方法的代名词。博若莱的一些生产商也在虔诚地实践可持续葡萄种植和自然酿酒方法。与低酒精度、纯手工的自然酿酒思想争辩是很困难的，但该运动已经引起争议。消费者因为商标上的模糊标注以及对"自然"一词缺乏严格的定义而感到困惑。而且还有质量问题：比如，自然葡萄酒运动的无硫派提倡在装瓶时不添加作为抗氧化剂和防腐剂的二氧化硫。虽然打开一瓶硫过量的葡萄酒绝不是件有趣的事情（当房间里充满臭鸡蛋味的时候你不得不连连后退），但开启一瓶无硫葡萄酒却发现已经变质也是令人失望的。因此，请你的侍酒师或葡萄酒商帮助你找寻你一定会喜欢的自然葡萄酒吧。

推荐阅读

爱丽丝·费林，《最纯净的葡萄酒：一切让葡萄自然完成》（达·卡波出版社）

作为自然酿酒和生物动力学耕种积极的支持者，费林将带领她的读者进行了一次博若莱、卢瓦尔谷和其他热点地区的私人旅行，让我们体会到这场运动对于其追随者和冒险的实践者来说有多么激动人心。蒸汽朋克带着铜边眼罩只是制造了外观效果，但费林介绍的人物，如由核工程师转变为自然酿酒师的埃里克·特谢尔可是千真万确的事实。

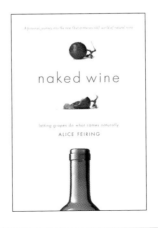

结构紧致的中等酒体红葡萄酒

结构紧致的中等酒体红葡萄酒

结构是什么？结构就是格鲁吉亚公元 5 世纪的博尔尼西·西奥尼大教堂，1 500 多年后仍然坚若磐石；结构是佛罗伦萨的八角形圣母百花大教堂；结构是弗兰克·盖里的里斯卡尔侯爵酒店，里奥哈葡萄园伸溢出的一团闪闪发光的绶带；结构是石头和钢铁，是简明的线条和仔细的计算。结构建立在历史、大胆宣言和信念的三重基础之上。

在葡萄酒里，结构是另一种三位一体的组合：单宁、酸度和果味。这三个因素在葡萄酒里必须得到平衡。清淡的红酒往往具有高酸度；浓郁的红酒常常单宁和水果味过多。而结构正是三者平衡得很好的状态：那些紧致、中等酒体的葡萄酒在哪一方面都不过量。

就像古典文学普兰尼诺一样，中等酒体结构的葡萄酒，如西班牙的添普兰尼诺酒、基安蒂的桑娇维塞酒、乔治亚州的萨佩拉维酒、希腊的希诺玛洛斯酒，对我们有些人来说也许是过时守旧的。想一想阿吉欧吉提可葡萄（也称为圣乔治）：这种葡萄在公元前 500 年就开始种植并用于酿酒了；这种跨越 25 个世纪仍能够使现代味蕾感觉新鲜活泼的结构毫无疑问是具有价值的。

为什么具有如此的持久力？因为这些品种容易与食物搭配，而且根据具体情况可轻可重。它们就适合与当晚晚餐的食物搭配，而不需要周末在某知名饭店点的食物。它们与煎小牛肉或烤里脊肉搭配会有非凡的效果；也可以与肉和土豆、意大利面或扁豆浓汤一起享用。

经典的结构是历时弥久的寺庙和宫殿，经过这些年依然优雅。具有结构的经典葡萄酒是我们日常生活中的标杆：葡萄牙的红酒、西班牙的歌海娜酒及皮埃蒙特的多切朵和巴贝拉酒。这些葡萄酒也许已经跨越了几个世纪，而我们视之为理所当然。我们来对此作一些了解。

你会喜欢这类酒，如果：

· 你只是热衷于美食；
· 你欣赏经典；
· 你偏爱中等口味的食物，比如奶油意大利面、丰盛的汤或烤家禽。

专家的话

"我喜欢用中等酒体的红酒搭配非常嫩的肉。比如，利穆赞的小牛肉菲力牛排搭配奥地利柔和的圣·劳伦酒。晒干的西红柿可以平衡单宁，或者试试肖龙或博兰格乐开胃酱。更不同寻常的是，上周我们用辣肉汤煮章鱼搭配来自普里奥拉托柔软的歌海娜酒，华丽的效果令人惊喜！"

法国巴黎拉塞尔饭店经理兼酒水总监，安托万·佩特鲁斯

搭配建议

意大利香脂醋　　牛肝菌　　西红柿

炖肉　　意大利面

价格指数

$	低于15美元	$$$$	50～100美元
$$	15～30美元	$$$$$	100美元以上
$$$	30～50美元		

酒品推荐

桑娇维塞 意大利，托斯卡纳，基安蒂

半个世纪前，我们的祖父辈曾在附近一家餐馆里铺着红格子图案桌布、点着大红蜡烛的桌子旁饮用放在草篮里的基安蒂酒。但今天的基安蒂酒是什么样的？不受重视，处在身份认同危机中。然而它仍然对唾液腺具有巴甫洛夫效应，只要喝上一口，你就会想，*Mangia*！（我们吃吧！）

价格：
S–$$$$

酒精度：12.5% ~14.5%

适饮时间：
酿造后 5~25 年

添普兰尼诺 西班牙，里奥哈

比较酷的人也许会选择比埃尔索、普里奥拉托或杜罗河岸的里贝拉红酒。但别不待见里奥哈的添普兰尼诺酒，在这个现代西班牙酿酒技术发起的地区，新一波的葡萄酒专家和古典艺术大师的结合发人深省，使得这个地区至今仍具有影响力。

价格：
S–$$$$$

酒精度：12.5% ~15.5%

适饮时间：
酿造后 3~40 年

青酒 葡萄牙，杜奥

细腻的单宁，明快的酸度和皮革、深色果实和黑胡椒味使得这种来自杜奥或杜罗的葡萄酒万分迷人，回味无穷，就像让我着迷的复杂的手工陶绘。饮酒者们遗憾地发现这些具有富有层次的香料味的本土多瑞加混合酒价格正日益攀升。

价格：
S–$$$$

酒精度：12.5% ~14%

适饮时间：
酿造后 2~15 年

蓝弗朗克 奥地利，布尔根兰

你已经知道了绿维特利纳，现在你就可以了解奥地利红酒了。取决于酿酒师不同的酿酒工艺，蓝弗朗克可以是微妙的或辛辣的，但总是具有结实的酸度。你会发现它在中欧和中东欧有不同的名字，但在奥地利它就是这个名字。

价格：
S–$$$

酒精度：12.5% ~13.5%

适饮时间：
酿造后 2~15 年

阿吉欧吉提可 希腊，尼米亚

不确定这个原希腊语怎么发音？不要沮丧：它也叫"圣乔治"。顺滑的口感和李子、酸樱桃、醋、香草或香料的香气使它不仅适合希腊美食，还适合非洲和印度、韩国、中国的菜肴。在消耗体力之后喝一杯还有助于放松身心。

价格：
S–$$$

酒精度：12% ~13%

适饮时间：
酿造后 2~10 年

萨佩拉维 格鲁吉亚，卡赫季

当考古学家在格鲁吉亚发现 8 000 年之久的葡萄酒时，公众会问，"8 000 年？"而葡萄酒专家会问"格鲁吉亚？"是的，格鲁吉亚是真正使用当地称为 *qvevri* 的两耳细颈酒罐酿酒的少数地区之一，这个葡萄栽培的发源地是多年生红肉葡萄萨佩拉雅的故乡。

价格：
S–$$$

酒精度：12% ~14.5%

适饮时间：
酿造后 5~50 年

酒款介绍：CASTELLO D'ALBOLA CHIANTI CLASSICO RISERVA

基本情况

葡萄品种：桑娇维塞（95%）/卡内奥罗（5%）

地区：意大利，托斯卡纳

酒精度：13%

价格：$$–$$$

外观：深宝石红色

品尝记录（味道）：浆果馅饼和熏香的气味，酸樱桃，木桶陈酿特有的辛辣微妙的香柏味，柔和的单宁平衡了酸度，适合与食物搭配

食物搭配：美味的橄榄油香蒜酱意大利面，野兔等野味，西红柿和新鲜香草，炖牛尾

饮用还是保存：由于基安蒂经典珍藏酒在上市前经历了很长时间的瓶内陈酿，可以立即饮用。但是你也可以将它再陈年 5~10 年；最好的基安蒂酒能陈放几十年

为什么是这种味道？

酿制有成熟果味但依然具有活泼酸度的葡萄酒的模式很简单：阳光照耀的白天加上寒冷的夜晚。阿尔博拉酒庄葡萄园处于古基安蒂的中心，朝向南面，可以接受最充分的日晒。桑娇维塞葡萄树种植在海拔 400~600 米高的山坡上；黏土土壤中布满了能够反射日光的石灰石，当地称为 albarese。葡萄酒的浓郁特征来自 15 个月的木桶陈酿：10% 在法国橡木桶中，其余的在斯拉夫尼亚的大橡木桶里。然后在不锈钢桶中再度过 12 个月，发售之前在瓶中再待上三个多月。因而酿成的葡萄酒既具传统特征又有现代风格。

酿酒者是谁？

伊特鲁里亚时代，葡萄酒酿造开始出现在基安蒂，也许就在阿尔博拉。阿尔博拉酒庄最古老的建筑建造于 12 世纪，在漫长的岁月里，该财产已经流经多位贵族之手。1979 年，一位来自北方、充满锐气的普罗赛克巨头詹尼·卓林，驾驶一辆红色菲亚特，敲响了雄伟的 16 世纪别墅的大门，并说服当时的居住者吉诺罗·吉诺里·康迪王子让出了处所，从而让卓林能够实现种植桑娇维塞酿造基安蒂酒的梦想。康迪答应出售庄园，卓林将该地产并入了酒厂。卡萨维尼古拉·卓林如今是意大利最大的私有葡萄酒公司，葡萄园占地面积超过 1 800公顷，而阿尔博拉就是这个王冠上的宝石。

酒标解读

联盟标志
黑公鸡是基安蒂经典葡萄酒联盟的标志，这是一个市场和质量管理组织。

官方印章
围绕瓶颈的粉红商标可作为识别真伪的根据，确认葡萄生长在经典基安蒂 DOCG，或 Denominazione di Origine Controllata e Garantita，即意大利顶级葡萄酒产区。

葡萄酒产区
基安蒂是该地的名称。葡萄称为桑娇维塞，但你通常在前标签上看不到这个。你或许已经了解到，像基安蒂这样的经典地区的传统葡萄种植者认为风土或地点比葡萄品种要重要得多。

瓶子
基安蒂酒过去采用宽底的瓶身，紧紧地包在可爱的被称为 fiasco 的网织篮里。如今它的包装形式往往是波尔多型宽肩瓶。

珍藏标志
为了在标签上标上"珍藏（Riserva）"，葡萄酒一定是在酒厂的酒窖里陈酿了至少 27 个月，许多酒厂将它们的珍藏酒保存更长时间。这些葡萄酒往往比基安蒂经典葡萄酒更加丰富和浓郁，并由于在新橡木桶中陈酿而增添了丰满度。

葡萄酒子产区
古典基安蒂在 1716 年被限定，即被指定为一个特殊的葡萄酒产区，在基安蒂地区中更为优质的多丘、葱郁的区域。

CASTELLO D'ALBOLA CHIANTI CLASSICO RISERVA

为什么是这个价格？

该酒庄种植最佳的桑娇维塞葡萄无性系选育品种，最近的研究表明该品种在基安蒂表现最好，在该区最好的酒庄以 5 000 株每公顷的密度密集种植。根据基安蒂标准，阿尔博拉是一个巨大的产业，拥有 157 公顷葡萄园和另外 693 公顷的橄榄树，全都是托斯卡纳的珍品。这样大的规模显而易见带来价值。收藏者购买托斯卡纳葡萄酒时并不选择传统的基安蒂经典酒，而是投资超级托斯卡纳酒（波尔多风格浓重混合酒），比如蒙达奇诺的布鲁奈罗和蒙特普齐亚诺的贵族酒。这为你我带来了更便宜（我想说更愉快）的基安蒂经典葡萄酒的享受。

搭配什么食物？

如果上帝存在的话，他为意大利面创造了基安蒂酒——这是为数不多的在搭配酸而美味的番茄酱时还能保持自己内在特征的葡萄酒之一。原因可能就像托斯卡纳乡村里的解释一样，桑娇维塞葡萄酒具有意大利黑醋和紫苏的气味。由于其更深的深度和浓度，基安蒂珍藏酒能够与烤肉和野味（特别是被做成托斯卡纳慢炖肉酱的形式）搭配在一起。但我会用它搭配任何具有慢炖或烧烤风味的食物：比如来自中东的麻子饭和土耳其烤肉，或韩国烤肉；再或者是老英格兰牧羊人馅饼那样美味多汁的食物。

左图：典型的托斯卡纳田园风景，阿尔博拉酒庄四周围绕着葡萄树和橄榄树。

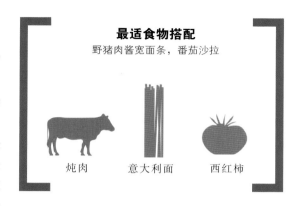

最适食物搭配

野猪肉酱宽面条，番茄沙拉

炖肉　　　　意大利面　　　　西红柿

10 款最好的

魅力基安蒂经典酒

FÈLSINA BERARDENGA	$$–$$$$
FONTODI	$$–$$$$
MAZZEI CASTELLO DI FONTERUTOLI	$$–$$$$
TENUTA DI NOZZOLE RISERVA	$$–$$$$
POGGERINO	$$–$$$$
QUERCIABELLA	$$–$$$$
BARONE RICASOLI	$$–$$$$
SAN VINCENTI	$$–$$$
SELVAPIANA (CHIANTI RUFINA)	$–$$
CASA SOLA	$$

世界其他国家相似类型的酒

Castagna, La Chiave
澳大利亚，维多利亚，比奇沃思 $$$$

Elki, Sangiovese
智利，艾尔基谷 $

Leonetti Cellar, Sangiovese
美国，华盛顿，瓦拉瓦拉 $$$$

酒品选择

专家个人喜好

意大利帕多瓦和威尼斯卡兰雷德和夸德
里餐厅酒水总监安吉各·萨巴蒂尼推荐

世界好酒推荐

FRATELLI ALESSANDRIA, SPEZIALE
VERDUNO PELAVERGA（派勒维佳）
意大利，皮埃蒙特 $–$$

CHÂTEAU BRANE-CANTENAC
（赤霞珠／美乐／品丽珠）
法国，波尔多，玛歌 $$$

MARCHESI ANTINORI,
BADIA A PASSIGNANO（桑娇维塞）
意大利，托斯卡纳 $$$

CHÂTEAU RAUZAN-SÉGLA
（赤霞珠／美乐／小味而多）
法国，波尔多，玛歌 $$$

CASCINA BRUCIATA,
VIGNETI IN RIO SORDO（多切朵）
意大利，皮埃蒙特，阿尔巴 $$

GIANFRANCO SOLDERA,
CASE BASSE（桑娇维塞）意大利，
托斯卡纳，蒙达奇诺布鲁奈罗 $$$$$

PIETRO CACIORGNA,
N'ANTICCHIA（马斯卡斯奈莱洛）
意大利，西西里岛，埃特纳 $$$$

FATTORIA LE TERRAZZE,
ROSSO CONERO SASSI NERI
（蒙特普齐亚诺）意大利，马尔凯 $$

ROMANO DOGLIOTTI,
MONTEVENERE（巴贝拉）
意大利，皮埃蒙特，阿斯蒂 $$

CANTINA DEL NOTAIO,
LA FIRMA（艾格尼科）
意大利，巴斯利卡塔 $$

MASCIARELLI, MARINA CVETIC
（蒙特普齐亚诺）意大利，阿布鲁
佐 $$–$$$

BARBERA DEL MONFERATO
（巴贝拉）意大利，皮埃蒙特 $$

FATTORIA LA MASSA, LA MASSA
（桑娇维塞／美乐／赤霞珠）意大利，
托斯卡纳　$$–$$$$

LÓPEZ DE HEREDIA,
VIÑA TONDONIA RIOJA RESERVA
（添普兰尼诺／歌海娜／格拉西亚诺）
西班牙，里奥哈 $$$$

PASETTI, TESTAROSSA
（蒙特普齐亚诺）意大利，阿布鲁佐，
$$–$$$

LA RIOJA ALTA,
RIOJA GRAN RESERVA 890
（添普兰尼诺／格拉西亚诺／玛佐罗）
西班牙，里奥哈 $$$$

TENUTA DELLE TERRE NERE,
GUARDIOLA（马斯卡斯奈莱洛）
意大利，西西里岛，埃特纳 $$$–$$$$

MORIC,
NECKENMARKT ALTE REBEN
（蓝弗朗克）奥地利，布尔根兰 $$$

I VIGNERI 1435, VINUPETRA
（马斯卡斯奈洛／卡普乔奈莱洛／
阿里坎特／弗朗西希斯）意大利，西
西里岛，埃特纳 $$$–$$$$

BUSSACO WINES, BUÇACO
RESERVA TINTO VINHO DE MESA
（巴格／本土多瑞加）
葡萄牙，拜拉达 $$$

（括号里为葡萄种类）

备选酒

最佳性价比

ARGIOLAS, PERDERA(莫妮卡)
意大利，撒丁岛，努拉吉岛 $–$$

ALLEGRINI, PALAZZO DELLA
TORRE(科维纳 / 罗蒂妮拉 / 桑娇维塞)
意大利，威尼托，维罗纳 $$

COMM. GD BURLOTTO,
VERDUNO PELAVERGA(派勒维佳)
意大利，皮埃蒙特 $–$$

ALTANO, DOURO RED
(多瑞加弗兰卡 / 罗丽红 / 红巴罗卡)
葡萄牙，杜罗 $–$$

DOMAINE DU CROS,
LO SANG DEL PAIS(费尔)
法国，马尔西克 $–$$

ARGENTO, BONARDA(伯纳达)
阿根廷，门多萨 $

JOSÉ MARIA DA FONSECA, PERIQUITA
(卡斯劳特) 葡萄牙，塞图巴尔半岛，特拉斯度沙
度 $

BOLLA, VALPOLICELLA
(科维纳 / 科维诺尼 / 罗蒂妮拉)
意大利，威尼托，瓦尔波利塞拉 $

FORADORI, TEROLDEGO
(特洛迪歌) 意大利，特伦蒂诺 – 上阿迪杰，多洛
米蒂维尼缇 $$

CUATRO PASOS(门西亚)
西班牙，斯蒂利亚 – 莱昂，比埃尔索 $–$$

GAI'A, AGIORGITIKO
(阿吉提科) 希腊，尼米亚 $$

QUINTA DA GARRIDA, SINGLE ESTATE
(罗丽红 / 本土多瑞加) 葡萄牙，杜奥 $

TESTALONGA, ROSSESE DI DOLCE ACQUA
(罗赛思) 意大利，利古里亚 $$$

MORIC, BLAUFRÄNKISCH
(蓝弗朗克) 奥地利，布尔根兰 $–$$

THYMIOPOULOS, YOUNG VINES
(黑喜诺) 希腊，娜乌萨 $–$$

PHEASANT'S TEARS, SAPERAVI
(萨佩拉维) 格鲁吉亚，卡赫季 $$

D VENTURA, VIÑA DO BURATO
(门西亚) 西班牙，加利西亚，萨克拉河岸 $–$$

MARCO PORELLO, MOMMIANO(巴贝拉)
意大利，皮埃蒙特，阿尔巴 $–$$

TAJINASTE, TINTO TRADITIONAL(黑丽诗丹) 西班
牙，加那利岛，奥罗塔瓦特纳里夫峡谷 $$

VIETTI, TRE VIGNE (多切朵)
意大利，皮埃蒙特，阿尔巴 $$

大师班：什么是"珍藏酒"？

我们经常在酒标上看到珍藏"reserve"这个词，并认为它是高质量的标志。但真的是这样吗？令人困惑的是，在新世界葡萄酒地区，这个词没有丝毫的分量。任何酒厂都能使用，无论他们酿酒用的是罐、是箱，还是瓶。但是一旦你进入高端酒的王国，它就成为一个有用的标志。由于我的个人口味偏重于轻酒体、高酸度和较少的新橡木桶风味，因此我通常选择新世界国家普通的瓶装酒而不是珍藏酒。这种选择很实在，因为珍藏瓶装酒往往价格较高。

在葡萄酒旧世界国家，特别是意大利和西班牙，对于珍藏酒，好的一面是该词的使用受法规限制，而坏的一面是不同地区的规定并不相同。我们在本单元开头部分得知基安蒂经典珍藏酒在采摘后至少两年才能上市。基础款基安蒂经典酒允许混合更多的葡萄品种，略低的酒精度（12%，珍藏型是 12.5% ）和较短的酒窖陈酿时间。你也可以将这个简单的珍藏酒识别原则——酒精度更高、酒窖陈酿更长，应用于其他类型的意大利葡萄酒。比如，巴罗洛珍藏酒在上市前必须陈酿 5 年。

在西班牙，出产添普兰尼诺酒的里奥哈和杜罗河岸，呈阶级状应用多级珍藏型命名。商标上只标注了地区的酒可能是一款年轻的酒，除非上面有 barrica（橡木桶）的字样，否则就是没有经历过橡木桶陈酿。

如果葡萄酒经过至少一年的木桶陈酿，又经过一年瓶装陈酿，就会被冠以佳酿（Crianza）的标签，意为经历了"再生"或"培育"（我喜欢这个）的过程。珍藏（Gran Reserva）则酒至少要经过一年木桶和两年瓶装陈放。而特级珍藏要经历至少两年木桶外加三年瓶内陈放，就和拿研究生学位一样。

但是，别以为西班牙的特级珍藏酒会和新世界著名的生产商酿造的"珍藏酒"一样强劲浓郁。相反，西班牙酒厂习惯于使用更古老、成熟的美国橡木桶（与法国橡木桶不同）酿造具有微妙辣味、呈现褐色、有着比果味更明显的干叶和泥土芬芳的珍藏和特级珍藏酒。但这种做法正在改变，因为更多的西班牙酒商开始部分或全部地使用新木桶，酿造与新世界"珍藏酒"越来越像的现代西班牙珍藏酒。

如何识别这些要素

① 当你在意大利或西班牙葡萄酒标签上看到"珍藏"这个词的时候，你就能推断出该酒在上市前经历了木桶或瓶内陈年（毕竟，"珍藏"这个词的意思是"保存"）。所以不要因为老的生产日期而打消购买的念头。如果一款酒经得起上市前多年的陈放，这通常也是高质量的标志。

② "珍藏"这个词在新世界葡萄酒生产区域没有具体规定，大体上来看，如果你对浓缩果味和重橡木桶味并不着迷的话，就不要在"珍藏"瓶装酒上破费了。

西班牙葡萄酒标签

葡萄酒颜色

Tinto 简单地表示红色，虽然它也出现在其他葡萄酒酒标上，但通常不如这里突出。

葡萄酒名称

Janus 是一个专有名称，是葡萄酒商为与其他类似的瓶装酒加以区分而为这种特殊的瓶装酒所起的特殊的名字。葡萄酒商亚历杭德罗·费尔南德斯 1972年建立了杜罗河岸第一座现代化酒庄，在碎石遍布的阿尔塔葡萄园，费尔南德斯将这里的瓶装酒以罗马神的名字 Janus 命名。最近的 Janus 是 2003 年上市的。

特级珍酿标志

由于这瓶特级珍酿来自杜罗河产区，我们能够推断出该酒至少在木桶里陈放了两年（这款酒其实在木桶中陈放了三年），外加三年瓶内陈年。

葡萄酒地区

杜罗河是西班牙中北部的葡萄酒产区，在里奥哈和纳瓦拉偏南一点的地方。杜罗河也流经葡萄牙，在那里也是一个重要的葡萄酒产区。

生产商

Elaborado y embotellado por 意为"由……酿造和装瓶"；类似的冗词在欧洲非常有用，这里的酒厂和酒庄常常比现在的主人年老，因此具有不同的名称。比如，佩斯克拉（Pesquera）是以 Pesquera del Duero 而非葡萄酒商 Alejandro Fernández 命名的。你也许会对按合同由第二酒厂生产的葡萄酒数量之大（尤其是便宜的葡萄酒）感到惊讶。通过小字可以找出该酒真正的生产者。

产区

Denomenación de Origen 或简称 DO，表示杜罗河是高质量葡萄酒产区或控制产区。为了预防欺诈、保证质量，大多数葡萄酒生产国家都用法规控制葡萄酒标签上这个地理名词的使用。

大师班：推荐五款酒

这是一个品尝五种不同等级的同一种葡萄添普兰尼诺酒的机会。我们将从基础的瓶装酒开始。我已经从三个不同的产区找到这些酒，所以如果你预算紧张的话，你可以只在这三种之中进行比较。其余为里奥哈和杜罗河产区的酒。当然，你可以请你的葡萄酒商从同一生产商特别订购年轻款、佳酿、珍藏和特级珍藏酒。最后，还有像基安蒂的超级托斯卡纳这样的发烧友葡萄酒，它不属于这其中任何分类。依你之见，现代收藏家的葡萄酒与特级珍藏酒相比较如何呢？

FAUSTINO VII（添普兰尼诺 / 歌海娜）
西班牙，里奥哈 $

备选
RAMÓN ROQUETA（添普兰尼诺）
西班牙，加泰罗尼亚 $

CAMPOS REALES（添普兰尼诺）
西班牙，拉曼查 $

LA RIOJA ALTA
GRAN RESERVA 904（添普兰尼诺 / 格拉西亚诺）西班牙，里奥哈 $$$-$$$$

备选
MARQUÉS DE RISCAL GRAN
RESERVA（添普兰尼诺 / 格拉西亚诺 / 马士罗）西班牙，里奥哈 $$-$$$

BARÓN DE LEY GRAN RESERVA（添普兰尼诺 / 格拉西亚诺 / 马士罗）西班牙，里奥哈 $$-$$$

IZADI CRIANZA （添普兰尼诺）
西班牙，里奥哈 $-$$

备选
LAN CRIANZA（添普兰尼诺）
西班牙，里奥哈 $

BODEGAS PALACIO GLORIOSO CRIANZA
（添普兰尼诺）西班牙，里奥哈 $

DOMINIO DE PINGUS PINGUS（添普兰尼诺）西班牙，杜罗河岸 $$$$$

备选
BODEGAS RODA CIRSION（添普兰尼诺）
西班牙，里奥哈 $$$$$

SIERRA CANTABRIA FINCA EL
BOSQUE（添普兰尼诺）
西班牙，里奥哈 $$$$-$$$$$

MUGA RESERVA（添普兰尼诺 / 歌海娜 / 马士罗 / 格拉西亚诺）
西班牙，里奥哈 $$-$$$

备选
BERONIA RESERVA（添普兰尼诺 / 马士罗 / 格拉西亚诺）西班牙，里奥哈 $$

CVNE RESERVA（添普兰尼诺 / 歌海娜 / 马士罗 / 格拉西亚诺）西班牙，里奥哈 $-$$

如何侍酒

这些葡萄酒最好按次序品鉴,从最简单到最复杂。购买第五瓶酒会花你一大笔钱,所以坚持让你的客人在品酒的过程中吐酒(你可以为此提供纸杯),以便他们不会在还没品尝到最后一种酒的时候感官就麻木了。而且我推荐为最后的这个大块头醒酒,其酒体大,需要与空气接触会。

如何评酒

我们已经知道基础的年轻瓶装酒、佳酿和珍藏酒之间的不同:橡木桶陈年。对于最后一类,其陈年时间也许仅仅和佳酿酒相同,但用的是新法国橡木桶而不是更老的美国橡木桶。所以你会发现其丰富的深色果实和烟熏木的味道,你可以将其描述为"现代"或"国际"酿酒法的标记。

感官感受

年轻的酒具有美妙的新鲜草莓、蓝莓和黑莓的味道;佳酿酒在此基础上叠加了香草和甘甜的味道;珍藏酒则更有深度,不再具有明显的水果味,而多了肉桂、肉豆蔻、红玫瑰、黑巧克力和大黄的气味。特级珍藏酒具有干树叶、雪茄、茶叶和磨碎皮革的陈年味道。大品牌的酒标会揭示这些酒具有漆黑的颜色,高酒精度和醇厚黏附的口感。

食物搭配

来一些美食商店里你所关注的有趣的西班牙点心了,特别是那些小拇指形状的橄榄油灌心皮库斯面包条和酥脆的圆形油馅饼,可以配橄榄油蘸食。如果你打算围绕这些酒安排一顿晚餐的话, 我会建议烤全羊,或在更随意一点的自助派对上供应墨西哥炸玉米饼(鲜玉米饼搭配鲜乳酪)。

大师班：趋势如何？

旧的不去，新的不来？

现代派与古典派

当我们深入了解葡萄酒品鉴后，会意识到（生活中时有发生）葡萄酒爱好者分成了三个阵营。有坚定不移的传统派，有现代派，然后还有像我们这样处于两者之间的人（完全取决于我们热衷什么，以及谁付钱）。在里奥哈和基安蒂这两个我们仔细研究过的地区，不同阵营间的对立尤为明显。有遵守规则的人，像他们的先辈那样生产基安蒂经典酒或里奥哈珍藏酒，也有那些打破模式的人。后者在西班牙没有确定的名称，但在托斯卡纳，他们的葡萄酒被相当英勇地称为超级托斯卡纳。

现代派规避传统，即区域官方机构规定的葡萄品种和陈年要求，喜欢大胆尝试。他们修剪葡萄藤使每颗葡萄的果汁稠浓；把葡萄酒放入新法国木桶中，增添了焦糖和烟熏的特色；也有人在酒窖利用机器设备更好地提取或浓缩葡萄酒。所有这些行为都令传统派感到震惊。但这取决于你看重事情的哪一面。就像马歇尔·杜桑的《下楼梯的裸女》2号，现代派表达的是能够识别但又不被承认的真实事物的重构。作为消费者，你的问题是：你喜欢现代风格还是讨厌它？更确切地说，你支付得起吗？

主要问题

为什么你支付不起现代风格的酒？很大程度上是因为在过去的二三十年里一些知名的葡萄酒评论家为它罩上了光环。虽然他们的评论不免以偏概全，但这些采用令人敬畏的百分制的评论家对这种大量应用新橡木桶的浓郁葡萄酒仍会给予很高的评分。你已经在葡萄酒商店、网站和杂志上看到了：这款酒得分95，而紧挨着的另一款只有88。自从开始有关葡萄酒的写作，我已经见过葡萄酒商为这些明显是随心所欲的分数而悲叹、抱怨、撕扯头发，有时又沾沾自喜。作为一名崭露头角的葡萄酒爱好者，你应该了解一些实情。首先，根据简单的供需法则，评论家给分较高

的酒价格也较高。第二，每一位评论家都有他自己的评判准则，而你的口味可不一定与其一致。然而，数字分数对你依然有用，即使你并不希望被浓重浆果和橡木混杂味道袭击腹腔神经丛。尽你所能阅读所有的葡萄酒评论，跟随口味与你最相近的作者。

关于单宁

你需要记住的一个重要概念是单宁。记得吗？我在这一单元开头解释结构时提到过这个词。结构由果味、酸度和单宁组成。但是，究竟什么是单宁？如果果味是葡萄酒的肉，酸度是骨架，那单宁就是肌肉和软骨，这种耐嚼、覆满口腔的物质使得大酒体、健壮型红酒在年轻时令人难以接受、不得不醒酒。评论家对它们也经常提及。对于我们这样随意喝喝的人，过多的单宁就令人颇受折磨；但一名老练的评论家可能会有相同的感觉却宣称："这种葡萄酒窖藏30年后会很可口！"半渗透型橡木桶能够软化单宁，但烤过的新木桶可能进一步增加酒中木头味的单宁，因此橡

木桶和单宁经常同时存在。如果单宁让你讨厌，那就喝一些老年份的葡萄酒。许多葡萄酒商店和饭店举办纵向品评，即品评同一个生产商的一系列年份的葡萄酒。著名的巴罗洛酒或巴巴莱斯科酒刚上市时也许令人难以接受，但一旦你试过经过二三十年窖藏的同一瓶酒，你就会开始理解什么是结构。年轻时令人难以接近的单宁在陈年后是葡萄酒的支撑，当它开始散发干玫瑰的香味时，你会想到聆听基莉·迪·卡娜娃演绎《啊，我亲爱的父亲》时忍不住流出的眼泪。

风土是什么？

你也许已经在葡萄酒讨论中和这本书里注意到了风土这个词。但风土究竟是什么？这是"葡萄酒酿造的是什么？"这个问题的核心概念。最好的葡萄酒商宣称他们并没有创造瓶里的东西。"风土一直就在那里，在土壤中，在葡萄园里。"他们说，"葡萄酒只是风土的传导者。"所以风土是关于一个地点的说法，葡萄酒就是风土的代言。坚称自己只是将风土简单平移的酿酒师，就像将绘画描述成沟通的行为而非创造的艺术家，或宣称"传达生活中的人物"的小说家一样，但他们也很乐意自己的工作受到好评，不是吗？

但我确实相信风土。当我品尝俄勒冈州威拉米特谷的灰品乐酒时，我想到了菲利普·拉金的诗句，《地球的无限惊喜》中的鸡油菌，马里恩浆果，红土，以及花旗松！那些明显的俄勒冈风味是怎么到瓶子里去的？在前一节中的"趋势如何"部分中，我们讨论过葡萄园种植方式越自然，就有越多的风土被移到葡萄酒里的说法，传统派或风土派秉持这种观念。他们宣称，酿酒过程越自然，葡萄酒里就有更多风土的特征。他们认为，现代酿酒技术需要经过那么多处理（新橡木桶和用来浓缩风味的设备），以至于风土都被丢失了。

推荐阅读

伊林·麦考伊，《葡萄酒国王：罗伯特·帕克的声名和美国口味的盛行》（哈珀出版社）

在讨论评分、传统派与现代派的对立及"国际风格"时，有一个名字经常出现，那就是罗伯特·帕克，《葡萄酒倡导家》（The Wine Advocate）杂志的创办人。虽然帕克时代几乎要结束了（他将他的产业卖给了投资者），但不读伊林·麦考伊的这本关于帕克的传记，对现代葡萄酒市场的理解就不会完整。批判不在了，评论家永存。

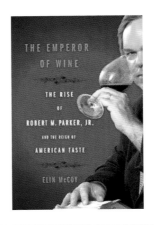

你的角色

当你开始对葡萄酒品鉴着迷时，你将开始花越来越多的时间阅读葡萄酒出版物、参加消息群、追随博客，并参与微博和 facebook 里葡萄酒讨论。随着时间的推移，你将会明白酒行家的世界是一个民主政体，渗透着对比鲜明的哲学和利益竞争，你会明白划分线在哪里。你会在消息群里和杂志的评论部分发现日常爱好者联合起来反对收藏家（"他们抬高价格！"）。

你也会发现传统派反对现代派（"那不是葡萄酒！而是黑莓味的轻质流体！"）。家庭葡萄酒作坊促销员抱怨企业集团的势力（"他们制造垄断！这不公平！"）。小进口商们一致反对大分销商。在这种民主政治中，你具有投票权。不，你不需要开设葡萄酒博客或发表惊人的言论才能参与。先花点时间去品尝这本书中每种类型的葡萄酒，然后再重新审视自己的爱好。用你的钱包和味蕾来选择你信任的葡萄酒。

浓郁醇厚的红葡萄酒

浓郁醇厚的红葡萄酒

你是否足够强健到驾驭这个世界上最浓烈、最不羁的葡萄酒？饮用浓郁醇厚的红葡萄酒需要点冒险精神，类似骑着一匹老马横穿沙漠，口里嚼着一块牛肉干，还塞上一根烟。它们有雪茄、破旧皮革和血液的气味，尝起来似乎饱经风霜。（葡萄品种包括艾格尼科、赤霞珠、马贝克、内比奥罗、小西拉、西拉和丹娜。）

我们同时处在极端的奢华和浓重的甜蜜世界里，香博酒心松露巧克力外加摩卡奇诺咖啡。这些葡萄酒就像牛仔臂弯里身着绸缎衣裙和缎带胸衣的舞女。（葡萄品种包括佳美娜、美乐、品乐诺塔吉、增芳德，还有与西拉类似的设拉子。）

华丽的风味需要同样强劲的食物来搭配。德州辣椒、烤牛肉汉堡或者煎鹿肉这样的牛仔菜都能够经得起这些葡萄酒的强度。包含多层烟熏和香料风味的菜肴，如塔吉羊肉锅或新奥尔良什锦菜，能够突出酒中的果香味和细腻感。如果你想在整个沙漠旅程中都喝这些酒，就跳过奶酪盘，选择具有枫木、咖啡或黑巧克力风味的甜品吧。

三个因素综合造就了强劲的红酒：酒精、浓重果味和（越来越多地）新橡木桶陈年。这三个因素具足的酒款，也是收藏家、评论家和期货市场的焦点所在。

如果你喜欢竞争，那你将在这些自信的大买家和备受关注的数字捣弄者中间苗壮成长。但如果你不喜欢，就别为此烦恼了。在简单朴素的马贝克酒、纯朴的普瑞米提芙酒和古怪的佳利酿酒中也能挖到便宜货。根据葡萄酒产区的气候和酿酒师的酿酒工艺，这种最浓烈不羁的红酒也可以拥有令人惊讶的内敛、微妙的味道。就连最朴实、坚韧的西拉酒也可以陪伴牛仔诗人在害相思病时低声吟唱，借酒消愁。

所以，别只是坐着了，备马吧。

你会喜欢这类酒，如果：

· 你偏爱黑巧克力、红肉和黑咖啡的浓烈味道；
· 你喜欢多汁的烤牛排；
· 你在足球赛中总是得分高手。

专家的话：

"浓郁型红酒总是让我想起集会和美味丰富的佳肴画面。这种强劲、深沉的红酒里滋养的成分给人一种满足感。我喜欢用红烧肉、烤鹅、羊肉或成熟的硬奶酪和这种酒搭配。无论是来自罗讷谷具有浓郁芳香的西拉酒，还是极富挑战性的圣格兰蒂诺酒，这些热烈的葡萄酒都需要同样风味的食物带来口味的平衡。"

香港奕居酒店 Café Gray Deluxe 餐厅首席侍酒师，伊冯娜·张

搭配建议

烤土豆	迷迭香脆烤羊排	熏制鲑鱼
冬季蔬菜	牛肉	香料炖肉

价格指数

$	低于15美元	$$$$	50～100美元
$$	15～30美元	$$$$$	100美元以上
$$$	30～50美元		

酒品推荐

马贝克　阿根廷，门多萨

　　喝完卡奥尔酒（法国西南部的马贝克酒），总是要进行刮舌和预约治疗师。（"我为什么要这样折磨自己？"）来一瓶阿根廷马贝克酒吧：奢华、柔顺、淡咖啡色色调，有点像甘草香李子风味的舍曲林，但没那么多副作用。

　　价格：
　　S–$$$$$

　　酒精度：12.5%~15%

　　适饮时间：
　　酿造后 3~20 年

美乐　法国，波尔多

　　想知道什么叫做欢天喜地，只要知道三个 P：Pomerol（波美侯，AOC），Pétrus（柏翠酒庄）和 Le Pin（里鹏庄园）。黑莓、红玫瑰花瓣和黑巧克力粉的味道使这些葡萄酒成为人们为之哭泣的酒款——无论是为其不菲的价格，还是为其顶级品质。托斯卡纳奥纳亚庄园的马赛多酒也不错。

　　价格：
　　$$$–$$$$$

　　酒精度：12.5% ~15%

　　适饮时间：
　　酿造后 10~60 年

内比奥罗　意大利，皮埃蒙，特巴罗洛和巴巴莱斯科

　　内比奥罗酒不适合没有耐心的人。太早地开启一瓶巴罗洛酒，扑面而来的单宁味道令人如此无法接受以至于你永远都无法了解这种葡萄酒。所以把它放到酒窖里等待十年，或更长时间。当酒窖的门可以打开的时候，你就进入了干玫瑰花瓣、紫罗兰、无花果、旧皮革、红茶和烟草香气的神秘世界。

　　价格：
　　$$–$$$$$

　　酒精度：13.5% ~14.5%

　　适饮时间：
　　酿造后 8~30 年

设拉子　澳大利亚南部

　　在澳大利亚南部，葡萄酒的中心是巴罗莎谷，这里有知名的顶级酒庄——奔富酒庄。不同于法国罗讷河谷坚韧的西拉酒的猪肉叉烧气味，紫黑色的澳洲西拉酒具有黑莓和甘草、碎胡椒和摩卡咖啡的味道。

　　价格：
　　S–$$$$$

　　酒精度：13.5% ~15.5%

　　适饮时间：
　　酿造后 2~20 年

赤霞珠　智利，中央谷

　　智利的酿酒传统跨越了 450 多年。直到过去的三十年里，这个安第斯山国家才作为波尔多第二浮现于世。美乐盛行；马贝克兴起；失多年传的佳美娜再次出现；赤霞珠处在统治地位，贴着旧世界国家投资的标签，在酒品市场迷人而震撼。

　　价格：
　　S–$$$$$

　　酒精度：12.5% ~14.5%

　　适饮时间：
　　酿造后 3~20 年

增芳德　美国，加利福尼亚，索诺马，干溪谷

　　19 世纪中期，淘金热把淘金者带到了加利福尼亚，他们随身带去的葡萄插条（意大利的普里米蒂沃品种）如今成为粗糙的老葡萄树。这些葡萄可以酿出其他品种所不能想象的高酒精度、带有果酱味和香料味的酒，可以搭配火鸡、猪肉和鹅肉，绝对好酒。

　　价格：
　　S–$$$$

　　酒精度：14% ~16%

　　适饮时间：
　　酿造后 8~30 年

酒款介绍：ZUCCARDI Q MENDOZA MALBEC

基本情况

葡萄品种：马贝克

地区：阿根廷，门多萨

酒精度：14.5%

价格：$$

外观：泛浅紫的漆黑红色

品尝记录（味道）：砾石，咖啡，黑巧克力，皮革，辣椒和黑橄榄，余味中能感觉到活跃的酸度

食物搭配：辣巧克力酱，甜面包，炖紫甘蓝，迷迭香脆烤羊肉

饮用或保存：将这种大酒酒体酒倒入醒酒器并立即饮用，或者酿造后保存 5~10 年

为什么是这种味道？

早在 1853 年，一位法国土壤科学家在阿根廷的门多萨种植了当时波尔多最著名的葡萄之一——马贝克。几年后，一种叫做根瘤蚜的致命根虱毁灭了波尔多大多数的葡萄园。应对这个威胁的唯一办法就是把这些贵族葡萄嫁接在抗葡萄根瘤蚜的美国葡萄的根茎上；悲哀的是马贝克葡萄的嫁接没有成功。马贝克葡萄的故事按理该就此结束了，但是阿根廷的沙质土壤和干燥的气候控制了葡萄根瘤蚜病的传播。在这里，这种葡萄在自己的根茎上茁壮成长，并被酿造成具有高酒精度、爽利的酸度、浓水果味和脆爽香料气息的葡萄酒。如今在其法国本土，马贝克是波尔多继赤霞珠、美乐、品丽珠和味而多之后的第五大品种，卡奥尔的漆黑、没有深度的葡萄品种。但是在阿根廷，这种葡萄用现代化技术酿造的酒仍然是过去的味道。

酿造者是谁？

像著名的探戈作曲家阿斯托尔·皮亚佐拉以及阿根廷大约一半的人口一样，祖卡尔迪家族是意大利后裔。工程师阿尔贝托·祖卡尔迪于 19 世纪 60 年代初期进入葡萄酒酿造行业，开发了自己的灌溉系统，并设计了一种格子交叉搭棚法，帮助形成葡萄叶盖保护葡萄果实不受毒辣的阳光曝晒，地处高海拔的阿尔萨斯沙漠一年里 330 天都处在火辣的阳光炙烤下。这些年来，该酒厂已经为圣茱莉亚（Santa Julia）和菲齐翁（Fuzion）这些便宜的品牌赢得了声誉，而且还在试验不常见的葡萄品种。如今，第三代庄园管理人塞巴斯蒂安·祖卡尔迪负责祖尔卡迪品牌的葡萄酒的酿制，其葡萄来自 980~1 080 米超高海拔的葡萄园，用于酿制风味复杂、相对内敛的葡萄酒。

酒标解读

瓶身
这种波尔多类型的宽肩酒瓶标志着里面的酒是丰郁浓烈的红葡萄酒。

葡萄酒名称
Q 是该特酿酒的专有名称，酿酒葡萄来自三个不同的葡萄园。

葡萄酒地区
门多萨位于安第斯山脉的山麓地带，是阿根廷最著名和产量最高的葡萄酒产区。

酒精度
这款酒的酒精度为14.5%，这个力道有助于通气和随意的食物搭配。

酿造年份
像这瓶浓郁型红酒具有久远的酿造年份日期，因为它们上市前在酒厂经历了木桶或瓶内陈年。

ZUCCARDI Q MENDOZA MALBEC

为什么是这个价格?

就像穿 GAP T 恤搭配 Stella McCartney 裤子的时尚达人一样,阿根廷马贝克酒轻易而高调地成功占领了高低端葡萄酒市场。一方面,它是非凡的每日特惠,能以低于 15 美元的价格满足最挑剔的味蕾。像艾拉莫、卡罗或洛斯安第斯的泰睿扎斯这些低端的品牌如此之棒,你可以把酒倒进醒酒器并欺骗你的晚餐客人说你花了实际花费三倍的价格购买来的。另一方面,它也是收藏家喜欢的葡萄酒,许多是葡萄酒旧世界国家的外国投资人资助酿造的,价格与波尔多或纳帕谷发售的优质酒一样贵。而作为阿根廷第三大葡萄酒出口商的祖尔卡迪家族,则将 Q 商标酒维持在中间价位,使我们每天都能以便宜的价格享受到这种精致与力量并存的美酒。

搭配什么食物?

阿根廷马贝克葡萄酒的天然搭配食物是巴西美食:配有炸薯条的明火烧烤烤肉(有时是蔬菜)串。除了显而易见的文化联系,之所以这样搭配还有两个原因:一、浓烈的红葡萄酒最好搭配能经得起它们的丰盛食物。二、木桶陈年带来的烟熏味与烧烤过的食物是很好的搭档。别忘了给你的肉和炸薯条加调料:碎黑胡椒、辣椒和芳香的香料都适合这样的醇厚型红葡萄酒顺滑的口感。

最适食物搭配

配阿根廷香辣酱的烤裙牛排,
配菜烤甜薯和烤甜椒

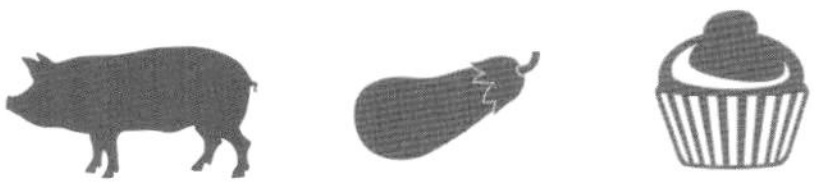

烤肉	烧茄子	巧克力摩卡蛋糕

左图:美洲最高山峰阿空加瓜山背景下的门多萨葡萄园。

10 款最好的
价廉物美的阿根廷马贝克酒

ALAMOS	$
BODEGA COLOMÉ	$$
CAMPO NEGRO	$
DURIGUTTI	$
GOUGUENHEIM	$
IQUE	$
LUCA	$$
NÓMADE	$–$$
TRUMPETER	$

全世界其他国家相似类型的葡萄酒

Bleasdale, Second Innings, Malbec
澳大利亚南部, 兰好乐溪 $$

Montes, Classic Series Malbec
智利, 空加瓜谷 $

Château Lagrézette(马贝克)
法国, 卡奥尔 $–$$

酒品选择

专家个人喜好

意大利米兰安蒂卡·奥斯特里亚·庞特酒店和墨西哥墨西哥城阿夸雷洛酒店酒水总监卢卡·加尔迪尼推荐

世界好酒推荐

ARNALDO CAPRAI, 25 ANNI
（圣格兰蒂诺）意大利，翁布里亚，蒙泰法尔科 $$$$

CHÂTEAU L'EGLISE-CLINET
（美乐 / 品丽珠）
法国，波尔多，波美侯 $$$$

ACHÁVAL FERRER,
FINCA ALTAMIRA LA CONSULTA
（马贝克）阿根廷，门多萨 $$$$

CHÂTEAU RAYAS,
CHÂTEAUNEUF-DU-PAPE（歌海娜）
法国，罗讷 $$$$

FERRUCCIO CARLOTTO,
DI ORA IN ORA（勒格瑞）
意大利，上阿迪杰 $$

DOMAINE DE TRÉVALLON
（赤霞珠 / 西拉）
法国，普罗旺斯 $$$$

GIANFRANCO FINO, ES（普里米蒂奥）
意大利，普利亚，曼杜里亚 $$$–$$$$

GIACOMO CONTERNO,
BAROLO MONFORTINO
（内比奥罗）意大利，皮埃蒙特
$$$$$

KANONKOP（品乐塔吉）
南非，斯泰伦布什 $$–$$$

TENUTA SAN LEONARDO,
TERRE DI SAN LEONARDO
（赤霞珠 / 美乐）意大利，特伦蒂诺 $$$

MASCARELLO, MONPRIVATO
CÀ D'MORISSIO RISERVA（内比奥罗）
意大利，皮埃蒙特，巴罗洛 $$$$$

ROMANO DAL FORNO, AMARONE
DELLA VALPOLICELLA
（科维纳 / 罗蒂妮拉 / 科罗蒂纳 / 奥塞莱塔）意大利，威尼托 $$$$$

MASTROBERARDINO,
RADICI RISERVA（阿丽亚尼格）
意大利，坎帕尼亚，图拉斯 $$$

ÁLVARO PALACIOS,
L'ERMITA（歌海娜）
西班牙，普里奥拉托 $$$$$

TENUTA DELL'ORNELLAIA,
MASSETO（美乐）
意大利，托斯卡纳 $$$$$

NIEPOORT, BATUTA（红阿玛瑞拉 /
多瑞加弗兰卡 / 罗丽红 / 鲁菲特 / 马尔维萨）葡萄牙，杜罗 $$$$

SCREAMING EAGLE（赤霞珠）
美国，加利福尼亚，纳帕谷 $$$$$

SADIE FAMILY WINES,
COLUMELLA（设拉子 / 慕合怀特）
南非，黑地 $$$$

CONCHA Y TORRO, TERRUNYO
BLOCK 27 PEUMO VINEYARD（佳美娜）智利，卡恰布艾尔山谷 $$–$$$

PENFOLDS GRANGE（设拉子 / 赤霞）
澳大利亚南部 $$$$$

（括号里为葡萄种类）

多种多样的配餐酒

 最佳性价比

 THIERRY ALLEMAND,
CORNAS REYNARD（西拉）
法国，罗讷 $$$$–$$$$$

 BODEGAS CARCHELO, C（莫纳斯特雷尔 / 添普兰尼诺 / 赤霞珠）西班牙，穆尔西亚，胡米亚 $

 D'ARENBURG,
THE DEAD ARM SHIRAZ
澳大利亚，麦克拉伦谷 $$$

 CYCLES, GLADIATOR（赤霞珠）
美国，加利福尼亚，中央海岸 $

 BOUZA, TANNAT
乌拉圭，蒙得维的亚 $$

 DRY CREEK VINEYARD,
HERITAGE ZINFANDEL
美国，加利福尼亚，索诺马县 $–$$

 CLOS LA COUTALE（马尔贝克）
法国，卡奥尔 $–$$

 EMILIANA（佳美娜）
智利，中央谷 $

 FATALONE, TERES（普里米蒂奥）
意大利，普利亚 $$

 PETER LEHMANN, ART'N'SOUL
（设拉子 / 赤霞珠）
澳大利亚，巴罗莎山谷 $

 DOMAINE FAURY, VIN DE PAYS（西拉）
法国，科林斯 – 罗达尼纳斯 $$

 BODEGAS OLIVARES, ALTOS DE
LA HOYA FINCA HOYA DE SANTA
ANA（莫纳斯特雷尔 / 歌海娜）
西班牙，穆尔西亚，胡米亚 $

 MAS DE GOURGONNIER
（赤霞珠 / 歌海娜 / 西拉 / 佳丽酿）
法国，普罗旺斯，雷波 – 普罗旺斯 $–$$

 CHÂTEAU ROUSTAING RÉSERVE
VIEILLES VIGNES（品丽珠 / 赤霞珠 /
美乐）法国，波尔多 $

 TENUTA CITA ASINARI DEI MARCHESI
DI GRÉSY, MARTINENGA（内比奥罗）
意大利，皮埃蒙特，巴巴莱斯科 $$$–$$$$

 VALDIBELLA, KERASOS（黑达沃拉）
意大利，西西里岛 $

 CHÂTEAU MONTUS, CUVÉE PRESTIGE（丹娜）
法国，马迪朗 $$$–$$$$

 VINUM CELLARS PETITE SIRAH
美国，加利福尼亚 $

 CHÂTEAU LE PUY, BARTHÉLEMY
（美乐 / 赤霞珠）
法国，波尔多 $$$$–$$$$$

 CHÂTEAU PINERAIE（马贝克 / 美乐）
法国，卡奥尔 $

大师班：关于橡木桶和现代化

对于不同的谈话对象来讲，橡木桶可能和礼拜天的教堂一样传统，也可能和1980年的《新艺术的震撼》一样震撼和新鲜。几个世纪以来，橡木桶几乎被用来运输超过几英里路程的任何产品。橡木桶由于防水和易于滚动，曾经运送过从干谷物到火药的任何东西。最初的葡萄酒木桶称为 puncheon、pipe（葡萄牙语）、butt、tun 或 botti（意大利语），容量从382升（84加仑）到超过1 136升（250加仑）不等，那么多的葡萄酒足以安置《人鱼童话》里的鲸鱼，橡木并没有对其中的液体产生多大影响。

全球化出现了。全世界的酿酒师都前往法国，看到了被称为橡木桶的小小木桶除了储存还有更多的作用。经过专业制桶匠或橡木桶匠在火上轻轻地烘烤过后，这些橡木桶能赋予葡萄酒焦糖的芳香和香料的气味。

今天的酒商认为橡木是一个制酒要素，并尝试法国、美国、俄国、匈牙利、智利和其他地方生产的木桶来寻找与其酿酒风格最吻合的理想木桶。于是又出现了这样的问题：如何辨别哪一片森林出产最好的木头，木桶烘烤到什么程度（从轻到重）为好？

没有什么比浓郁型红酒中的橡木味更明显、更富有争议的了。烘烤过的橡木桶能赋予西拉、美乐或赤霞珠葡萄酒类似巧克力、香草和焦糖的味道。但如果这些风味不称你的心意，也别完全放弃橡木桶，因为它们还有别的功能：氧气通过木头微孔渗入，使香气和单宁更柔和，葡萄酒稳定地演变。

这些年来我发现我喜欢橡木桶带来的顺滑口感和肉豆蔻的香气，但我不喜欢 s'more 的烟熏香气和味道。（我要向没有试过 s'more 的读者道歉，那是一种中间夹着烤过的棉花糖和巧克力的全麦饼干点心。）所以我寻找的是在风干的和（或）中性木桶中陈年的葡萄酒，尺寸是橡木桶两倍的大容量酒桶。

风干的木桶由木棍制成，这些木棍在成型前都放在户外接受风化；中性木桶已经被使用了三、四年，不会再带来明显的烟熏或木头味。我也喜欢轻度烘烤的木桶，制作木桶的木棍被微烘烤过，就像把松子在煎锅里轻煎至褐色，而不是烤焦。请你的侍酒师或葡萄酒商帮助你获得使用不同制桶技术木桶陈年的葡萄酒。你也许会发现你喜欢烘烤过的新橡木桶，或者是轻微烘烤的橡木桶，或者中性橡木桶，又或者根本不喜欢橡木桶。

如何识别这些要素

① 橡木桶价格昂贵。如果很便宜的葡萄酒具有一种讨厌的橡木味，那你可能遇到了使用橡木条或橡木棒的情况，橡木条或橡木棒被随便地浸在葡萄酒里，只是为了得到橡木的香气和味道。

② 较昂贵的瓶装酒通常都比较多地使用了新的法国橡木桶。如果你不喜欢木头香气和味道，你其实可以选择更便宜的、在较老的没怎么经过烘烤的橡木桶里陈年的葡萄酒。告诉你的侍酒师或葡萄酒商你喜欢中性木桶陈年的葡萄酒。

③ 法国橡木为葡萄酒带来了美好的荆棘味，而美国橡木赋予葡萄酒香子兰和香料的气味。小火慢热型橡木会产生雪松、丁香和肉桂的气味，而高火快烤型橡木则产生缠绵的、混杂奶油糖果味的篝火风味。你喜欢哪一种呢？

酒窖里的新桶和旧桶

特鲁特·希萨·阿希纳里·格雷西侯爵酒庄是一座历史上著名的酒庄，位于意大利皮埃蒙特，属侯爵后裔阿尔托·迪·格雷西所有。虽然他尊敬巴巴莱斯科地区的传统，但迪·格雷西在他的酒庄也使用现代酿酒技术。压碎的葡萄在不锈钢发酵槽里的时间长达35天，期间果汁会吸收葡萄皮的风味和颜色。

长期陈年通常在大型地下酒窖进行，这里凉爽、黑暗、潮湿。自然的低温能稳定葡萄酒，避免酒过早老化，而些微潮湿的空气阻止了桶里的液体快速蒸发。较小的法国桶也称橡木桶，会引入烟熏的香味，软化单宁，并为葡萄酒带来香甜的气味。它们还具有稳定酒色的功效。

在皮埃蒙特，大型斯洛文尼亚橡木桶称为botti。这些桶已经持续使用了25~30年；然而昂贵的小橡木桶每隔三四年就要更换。在小橡木桶中陈年一年之后，比较高端的红葡萄酒被转移到botti里继续陈年。botti里增大的气体空间使葡萄酒变得柔和、圆润。

一款在酒厂酒窖进行瓶内陈年的酒，对于消费者是更好的选择，因为它被存储在理想的环境中：凉爽、黑暗而且潮湿。在这里，软木塞不会干透，葡萄酒逐渐缓慢地被移入到玻璃瓶的新家里。好的葡萄酒在太年轻的时候被开启的话，有时会出现"晕瓶"现象，即味道沉重或缺乏通常的芳香。

大师班：大酒体酒，用或不用橡木桶

　　崭露头角的葡萄酒爱好者往往将浓郁醇厚的红酒与烘烤过的新橡木桶联系在一起。小橡木桶也只是近几年才在许多顶级产区投入使用的。在意大利的皮埃蒙特，内比奥罗酒传统上在大容量的橡木桶里陈年，这种橡木桶不会使葡萄酒产生香甜或烟熏的气味。在法国罗讷谷，大多数酿酒师称歌海娜酒不能驾驭烘烤过的小橡木桶带来的强烈味道，宁愿将这种品种放在大木桶或水泥槽里陈年；与此同时，他们在新世界的同行却花大价钱把同一种品种的葡萄酒放在小木桶里陈年。在意大利南部，具有皮革味的艾格尼科酒如果在小橡木桶中陈年将会获得更好的特色。

GIACOMO CONTERNO CASCINA FRANCIA[内比奥罗（大桶/橡木大桶）]
意大利，皮埃蒙特，巴罗洛 $$$$$

备选
BRUNO GIACOSA ALBESANI SANTO STEFANOB
[内比奥罗（botti/ 橡木大桶）]
意大利，皮埃蒙特，巴巴莱斯科 $$$$$

PRODUTTORI DEL BARBARESCO
[内比奥罗（botti/ 橡木大桶）] 意大利，皮埃蒙特，巴巴莱斯科 $$$$$

GAJA BARBARESCO
[内比奥罗（橡木小桶和大桶）] 意大利，皮埃蒙特，巴巴莱斯科 $$$$$

备选
BOROLI, BAROLO VILLERO
[内比奥罗（橡木小桶和中型桶）] 意大利，皮埃蒙特，巴罗洛 $$$$$

CA'ROME', ROMANO MARENGO CHIARAMANTI BARBARESCO
[内比奥罗（橡木小桶）] 意大利，皮埃蒙特，巴巴莱斯科 $$$$$

DOMAINE DE LA BISCARELLE
LES ANGLAISES[歌海娜 / 慕合怀特（混凝土罐）] 法国，罗讷，教皇新堡 $$

备选
DOMAINE RABASSE CHARAVIN
RASTEAU[歌海娜 / 慕合怀特（混凝土酒槽）] 法国，罗讷，帕普新堡 $$

PIERRE-HENRI MOREL
SIGNARGUES[歌海娜 / 西拉 / 慕合怀特（混凝土酒槽）] 法国，罗讷 $

TORBRECK LES AMIS[歌海娜（橡木小桶）]
澳大利亚，巴罗莎谷 $$$$$

备选
SINE QUA NON ATLANTIS FE203
[歌海娜（橡木小桶）] 美国，加利福尼亚，圣丽塔山 $$$$$

ALBAN VINEYARDS ALBAN ESTATE VINEYARDS
[歌海娜（橡木小桶）] 美国，加利福尼亚，艾德娜谷 $$$$$

LUIGI TECCE POLIPHEMO
[艾格尼科（栗木和橡木 botti）] 意大利，坎帕尼亚，图拉斯 $$$

备选
CANTINE ANTONIO CAGGIANO
MACCHIA DEI GOTTI[艾格尼科（botti）]
意大利，坎帕尼亚，图拉斯 $$$

VILLA MATILDE TENUTE DI ALTAVILLA
[艾格尼科（botti）] 意大利，坎帕尼亚，图拉斯 $$–$$$

TORMARESCA BOCCA DI LUPO
[艾格尼科（橡木小桶）] 意大利，普利亚区，蒙特堡 $$$

备选
SALVATORE MOLETTIERI CINQUE QUERCE[艾格尼科（橡木小桶）]
意大利，坎帕尼亚，伊尔皮尼亚 $$

TERREDORA FATICA CONTADINA
[艾格尼科（橡木小桶）] 意大利，坎帕尼亚，图拉斯 $$–$$$

如何侍酒

将酒瓶摆成一排，邀请客人一一品尝，不要公开哪些酒是在烘烤过的新的小橡木桶中陈年的，哪些不是。给每位品尝者提供两个玻璃杯，让他们每个人都成对比较这些葡萄酒。哪一个是在小橡木桶中陈年的？对于每一个葡萄品种，你更喜欢哪种陈年方式？

如何评酒

如果你的感觉就像刚舔过木桶里面一样，你的葡萄酒就具有橡木味、木板味或新木头的味道；如果有烧焦的香草味或焦糖的气味，那就是烘烤味。一款很好地融合了新橡木桶味道的浓郁醇厚的红酒是饱满丰腴的。而在大木桶中陈酿的葡萄酒则常被形容为具有草本味、烟草和干树叶的气味和花果香味。

感官感受

烟熏香气，烤木头、烤肉串、焦糖、香子兰或摩卡咖啡的气味，伴随着成熟的风味、浓郁的果香，这些都是葡萄酒经历了新橡木桶陈年的线索。在大桶中陈年的葡萄酒具有更明显的酸度、强烈的单宁和更多草本、皮革的香气。

食物搭配

在品尝浓烈的红葡萄酒时，最好能吃点小吃将你那劳累过度的舌头上黏性的单宁清除掉，冷牛肉片或切达奶酪就可以胜任（单宁会与蛋白质混合在一起）。

由于松露是内比奥罗酒的经典搭档，所以在提供这些食物时，配上含有松露的橄榄油。

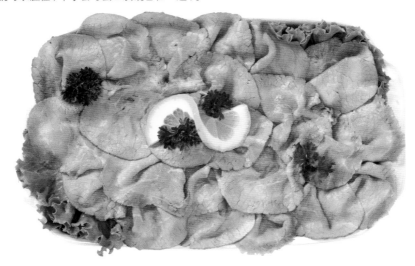

大师班：趋势如何?

在酿酒业，哪些旧传统仍在采用?

天使的酒不会被处理

木桶也许防水，但它们并不是密封的（毕竟，树木呼吸氧气）。这就是木桶陈年的酒为什么味道更加稠厚、更加浓郁的原因。酿酒师们称蒸发掉的酒为"天使的那一份"，通过定期往桶里加满葡萄酒及充入二氧化硫、氮气或二氧化碳来替换顶空的空气，阻止他们的陈年佳酿氧化变质。根据葡萄酒作家保罗·卢卡斯的说法，在过去几个世纪里，葡萄酒商会用灰、染剂或（极不明智的）铅作为防腐剂，在葡萄酒上方点燃恶臭的硫蜡烛，或于装桶前在里面点燃硫黄粉或干草药。但是葡萄酒仍然被说成是"酸的"，卢卡斯这样写道，因为它尝起来像醋一样。

推荐阅读

保罗·卢卡斯，《酿造葡萄酒：世界上一个最古老乐事的新历史》（诺顿出版社）

葡萄酒研究在很大程度上致力于葡萄品种名称、官方葡萄酒产区、年份和村庄的部分，关注细枝末节往往会使我们疏忽对大局的理解。卢卡斯花时间研究了葡萄酒古往今来的宏图，他为我们提供了提高葡萄酒鉴赏力非常需要的历史背景知识。

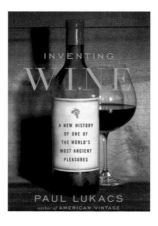

培养

葡萄酒曾经被认为是个奇迹，这体现在两方面：首先，葡萄汁开始冒泡，然后莫名其妙地产生了酒精。然后，随着时间的推移，这种重口味饮料形成了自己的特征。如今我们可以把这两种现象解释为"发酵"和"成熟"，但我们仍然在试验酿造它们最好的方法。可以肯定的是，容器起着重要的作用。现代的葡萄酒商用温控不锈钢池对它们的发酵进行调节，而传统派则喜欢大方的木桶（大型垂直的木桶）对酒的软化效果。另外还有一个喜欢混凝土酒槽（很快会讲到）的派系。

事实上葡萄酒通常只需要在发酵箱中待几周，就能完成大家所了解的发酵步骤。下一步（对浓郁型红酒尤其重要）就是成熟，或者法国人所称的élevage。正如许多葡萄酒专家所指出的那样，这个词被翻译成"培养"，就好像年轻的葡萄酒是一个婴儿，在被介绍给世界以前需要一些人生的功课。我们在上一个大师班学过，élevage并不总是发生在杂志广告页面上一排排的小橡木桶里。如果你想让你的红酒富有活力，那么尽可能地缩短它在不锈钢池里的成熟时间；或者如果你想让酒富有神秘的色彩，使用botti桶也许会更好一些。

混凝土派系的"蛋"

如果你想让一群葡萄酒极客变得嘈杂起来，就说说"混凝土"这个词。无论是未加工的，还是有玻璃、搪瓷、蜡或钢衬里的，砖石长期以来都是葡萄牙这样的地方用于发酵的选择材料。但它最近在高端红酒特有品牌酒款酿制中也在发生转变。在波尔多，柏翠酒庄采用混凝土酒槽发酵；当白马酒庄 2011 年推出其新酒厂的时候，主要看点是一组惊人的 52 个混凝土发酵罐，它们还可以被当作装饰雕塑（下图）。如今，许多酿造浓烈红酒的生产商都称赞这些巨大建筑（有些形状像金字塔，有些像恐龙蛋，还有些就是简单的立方体形）天然的温度稳定性。

这还没完。带内衬的混凝土酒槽具有足够多的气孔，可以发生微氧化（业界称之为 micro-ox），有益于平滑单宁。非自然的方法是：将具有过多单宁的红酒吊挂一只类似氧气罐的装置，就好像对待医院的病人那样。在罗讷河谷，超级明星葡萄酒商米歇尔·夏布提 2001 年委托制造了第一个蛋形发酵器，是混凝土酒槽的坚定支持者。虽然众所周知，无内衬混凝土发酵酒槽清洗困难，但罗讷的许多生产商还是将他们发酵过的葡萄酒移回到混凝土酒槽酿熟，因为这可以平滑像歌海娜这样的葡萄尖锐的个性，又不会引入不想要的木头味。混凝土蛋能像今天的小橡木桶一样迅速普及吗？

从混凝土到黏土

如果混凝土蛋还不够奇异的话，请允许我介绍最新的前沿酿酒技术：土罐酿酒，就是在像考古学家挖到的那种远古容器中酿酒。意大利的葡萄酒商喜欢使用土罐，与罗讷的酿酒师喜欢混凝土酒槽的原因一样：由天然材料赤陶土制成，它们多孔的结构不会使葡萄酒产生木桶的气味。在西西里岛的 COS 酒庄，白色卵石铺就的酒厂地面埋着超过 150 个巨大的西班牙制作的土罐。据酒庄庄主说，红白葡萄都会在这些凉爽的容器中浸皮长达 8~9 个月。

加强酒

加强酒

　　"服务员，请给我拿颜色最深的酒，非年份的，最好是果味最淡的干型酒或甜酒，经过了充分氧化，也许还被加烈过的那种。"这些都像一个疯子说的话，一个痴迷于非传统的葡萄酒烈酒的疯子的话。这种酒的酿造打破了制酒业教科书里的每个规则。这意味着我们到达了真正有趣的部分：加强酒。

　　在赫雷斯之外，如果能看到满满的木桶里飘着一层白色泡沫酵母花，会让酿酒学家感到震惊。菲诺和曼赞尼拉雪利酒就是这样酿造出来的，它们看起来像椰子汁一样，其芳香能够把直布罗陀海峡里藏在海草后面的美人鱼引诱出来。你能想像酿酒师把多个年份的酒混合在一起，并且不停地像堆积木一样重新排列橡木桶吗？不确定年份、颜色从琥珀色到红褐色色调的阿蒙提那多、帕罗-科尔达多和奥洛罗索雪利酒及马德拉酒和金色波特酒，都是以这种非常规的方式酿造的。它们具有那么美妙的烤榛子和奶糖的味道，所以谁会谴责它们超常规的酿制方式呢？

　　葡萄牙是高贵的波特酒的故乡，也是疯狂的马德拉酒（最狂野的葡萄酒）之母。源于非洲延伸出来的陡峭岛屿，这里有细瘦有力的雨水（葡萄品种），到柑橘味的舍西亚尔，焦糖味的华帝露味，根汁汽水色调的布阿尔富含黄糖和香料味，以及蜜糖似的马姆齐甜酒。将这些酒中的任何一瓶打开倒出一小杯，然后重新塞上木塞一放几个月。是的：像个疯子的做法。这种酒可以拿来助兴。

　　葡萄酒品鉴可能十分教条。但当我们步入加强酒的领地时就可以忘记大多数有关年份日期和正确存储的规定了，在这里规则都是要被打破的。如同痛饮威士忌抽雪茄的百岁老人，这些酒的寿命是最长的。

你会喜欢这类酒，如果：

· 你喜欢香甜的口味；
· 你没有合适的酒窖条件用于陈年脆弱的酒；
· 每晚来一些开胃酒或消化酒比较符合你的生活方式。

专家的话

　　"年轻、淡色的干型加强酒是油炸鱼和各种咸味头盘菜的完美搭档。颜色较深的加强干白酒最好与野味、杏仁、榛子、可可和咖啡搭配，因为它们具有相同的香气。加强甜酒往往酒体饱满，芳香浓郁，我认为甜品和意大利面，尤其是配有又苦又甜的巧克力和果干的，是这种酒最好的搭档。但我觉得把它们作为消化酒单独饮用才最有乐趣。"

西班牙斗牛犬餐厅品酒师（1999-2011），wineissocial.com 和巴塞罗那葡萄酒学校的创办者之一，费伦·森特列斯

搭配建议

盐焗杏仁　　鳕鱼　　硬奶酪

香草蛋糕　　冰淇淋　　巧克力布朗尼

价格指数

$	低于15美元	$$$$	50~100美元
$$	15~30美元	$$$$$	100美元以上
$$$	30~50美元		

酒品推荐

波特酒　葡萄牙，杜罗

　　年份波特酒具有紫色色调，年轻时具有烟熏味、香料味和黑莓味，随着时间的推移日渐产生李子、皮革的气味，甚至会演变成浅柑橘色。它们的寿命有多长？好吧，葡萄酒专家迈克尔·布罗德本特在称赞 1815 年的"滑铁卢年份酒"。但是你也可以即刻享用各种非年份的茶色、宝石红色、白色、粉色或珍藏型波特酒。

价格：
S–$$$$$

酒精度：16% ~20%

适饮时间：
酿造后 1~250 年

雪利酒　西班牙，安达卢西亚

　　了解一下西班牙西南部的赫雷斯 – 弗龙特拉、桑卢卡尔、瓦拉梅达和波多黎各、圣玛丽亚这些地方，葡萄酒专家和出色的年轻人此时此刻都正在饮用来自这些海边城镇的香甜扑鼻的木桶陈年饮品。更幸运的是：现在这些酒特别便宜。

价格：
S–$$$$$

酒精度：15% ~22%

适饮时间：
即饮

马德拉酒　葡萄牙，马德拉群岛

　　当美国的开国元勋们签署独立宣言的时候，猜一猜他们是用什么庆祝的？那是来自距离非洲海岸不远的一座亚热带岛屿的一款葡萄酒。因为它在长时间的海洋运输中不会变质，两个多世纪前曾经风靡一时，到今天仍然保持着可口的味道。

价格：
S–$$$$$

酒精度：15% ~22%

适饮时间：
酿造后 1~300 年

马沙拉酒　意大利，西西里岛

　　在大多数的酿酒参考书中，你都会看到马沙拉酒被描写为古代历史中出现的。但在后黑手党时代新一波的葡萄酒商进入西西里岛，重新对马沙拉酒产生兴趣，并以 Superiore（极品酒）、Riserva（珍藏酒）、Vergine（佳酿）、Soleras（索莱拉酒）和 Stravecchio（陈年酒）的名称进行质量认定。要关注这些区域。

价格：
S–$$$$$

酒精度：15% ~20%

适饮时间：
酿造后 1~20 年

巴纽尔斯酒　法国，朗格多克 – 鲁西荣

　　天然甜酒类型（比如里韦萨特酒和莫利酒）中最好的，巴纽尔斯最好的酒款是由种植在地中海陡峭多风的梯田上的歌海娜老藤葡萄酿造的，像雪利酒一样在木桶或被美妙称为 bonbonnes 的玻璃罐中陈年，散发出坚果、甘草和红色果实的香气。

价格：
S–$$$$

酒精度：16% ~17%

适饮时间：
酿造后 0~60 年

麝香利口酒　澳大利亚，维多利亚，卢森格林

　　英国人喜欢加强酒，所以在这个前英国殖民地的酿酒技术中有着明显的酿造雪利酒、波特酒和马沙拉酒的技术传统。澳大利亚人也习惯于让葡萄在酿制和被加烈前在藤上变成葡萄干。这款"褐色麝香葡萄"可是重量级的。

价格：
S–$$$$$

酒精度：18%

适饮时间：
即饮

酒款介绍： QUINTA DO VESUVIO VINTAGE PORT

基本情况

葡萄品种： 以本土多瑞加为主的杜罗河谷当地品种混合

地区： 葡萄牙，杜罗河谷

酒精度： 20%

价格： $$$$

外观： 年轻时呈黑紫色，随时间推移逐渐呈现黄铜色

品尝记录（味道）： 黑莓，蓝莓果酱，茴香粉，花岗岩，甘草，使嘴唇发麻的黑胡椒，芳香的新鲜香草，黑巧克力和肉桂

食物搭配： 黑巧克力，卡芒贝尔奶酪，配刺柏果的鹿肉

饮用或保存： 这种葡萄酒上市时间晚，可以立即享用；但单一葡萄园的波特酒在酿造后可以保存 10~25 年

为什么是这种味道？

在葡萄牙杜罗河谷，从宽广、弯曲的杜罗河延伸上去的陡峭梯田就像通向神明的台阶。在葡萄园里，各种本土葡萄通常被种植在一起以应对收获季节的天气状况对不同品种产生的影响。（过去，不同葡萄品种以田块混合，或品种随机混合，但今天的葡萄园管理者更具策略，在决定在哪里种什么的时候会将海拔和微气候影响考虑在内。）这些葡萄混合在一起酿成了丰醇芳香的干红配餐酒。但对于波特酒的酿制，酿酒师必须在酒精度仅为 6%~8% 的时候往渗流的葡萄汁里加入葡萄白兰地 aguardente 使其终止发酵。最终酿制出的葡萄酒将丰郁的黑色果实风味和白兰地的酒精度结合在一起，不同葡萄品种的混合带来迷人的复杂度和深度。

酿制者是谁？

维苏威酒庄可能是杜罗最令人叹为观止的庄园，它具有跨越数个世纪的悠久历史，其北向的陡坡保护着葡萄园不受烈日的炙烤。在 19 世纪后半期，这个庄园属于富有传奇色彩的女商人多娜·安东尼娅·费雷拉，她同时管理 30 个葡萄园，为庄园带来了优质的名声。然而，1870 年之后，由于大型波特酒厂或托运商开始从维苏威这样的庄园购买葡萄酒，并将它们混进更多的混合葡萄酒中，单一葡萄园果实的瓶装酒就消失了。当 20 世纪 80 年代末葡萄酒专家们对单一葡萄园酒开始感兴趣时，波特酒交易市场做出了回应；1989 年赛明顿家族买下维苏威后，就开始着手恢复它的历史传统。如今，其酿酒工艺与 19 世纪早中期的酿酒方式基本相同，即由收割工人在花岗岩池（看起来像小型游泳池）里用脚踩踏葡萄，他们常常在里面唱歌跳舞以打发时间。当然，他们在跳进去之前确实洗过脚了。

酒标解读

盖具

这个软木塞和干型葡萄酒瓶上面的一样，必须用开瓶器才能拿掉，也证明瓶里的酒质量比较高，同时比较脆弱，应该在开瓶后一两天之内喝完。适合每日饮用的波特酒是用T形塑料顶的木塞密封的。这样的酒在打开后重新塞上瓶塞，在两次饮用之间冷藏储存的话，可以享用长达一个月。

官方印章

瓶颈上的印章上写着"Vinho do Porto Garantia"，证明IVDP或（Instituto do Vinho do Porto 波特酒生产协会）品尝过该酒以确定其质量。

生产商名称

Symington 是该酒庄所有者的家族名称，该家族还拥有杜罗河谷其他许多杰出的酒庄和像 Dow、Graham 和 Warre 这样的著名波特酒品牌。

葡萄酒名称

Quinta 意为"庄园"。维苏威是单一葡萄园波特酒，单一葡萄园酒的新类型之一，比年份波特酒稍微便宜一些，是年份波特酒的独特替代品。

年份日期

单一酿造年份表示这是质量最好的波特酒之一，具有陈年潜力。标有数十年（比如"20年"）、类似"Reserve"这样的词，或像 Warrior 或 Six Grapes 这样的特殊专有名称的波特酒是可以立即开启享用的。

酒精度

由于加入了白兰地，该酒的酒精度为20%。

QUINTA DO VESUVIO VINTAGE PORT

为什么是这个价格？

当大多数葡萄酒爱好者还在熟悉质优价廉的宝石红波特酒（称为优质红宝石酒或珍藏酒）、琥珀黄色波特酒和昂贵、值得窖藏的年份波特酒的时候，越来越多的内行葡萄酒专家却已经在寻找像维苏威酒庄这样的单一葡萄园波特酒。这些高品质瓶装酒体现了风土的特征，或者说能从酿成的葡萄酒里尝到具体地点的特征；而年份波特酒则是不同地方品种的混合。单一葡萄园波特酒虽然定价和收藏家收藏酒的价格一样昂贵（因为维苏威每年只生产600箱），但还是比年份波特酒稍微便宜一些，因为它们往往在收成状况不理想的年份也有酒上市。

搭配什么食物？

蓝纹奶酪，如斯蒂尔顿奶酪，常常被列为波特酒的经典搭档，但我发现这两种具有强烈味道的食物组合太具压倒性了。更微妙的搭配方式可以试试用维苏威酒搭配覆盖着烤山核桃或果酱的布里干酪。还有，黑巧克力和波特酒也是一对天堂级组合。但别以为只能用奶酪或甜点搭配波特酒，和鸭肉这样的野味一起享用，这时单一葡萄园波特所起的作用来就像黑莓酱；你甚至可以试试搭配红烧牛小排。

最适食物搭配
瓦哈卡风格的辣巧克力酱鹿肉

野味　　　香料　　　黑巧克力

左图：处于杜罗河上游的宏伟的维苏威葡萄园，由赛时顿家族倾情修复。

---

10 款最好的

挑战味蕾的单一葡萄园波特酒

GRAHAM'S MALVEDOS	$$$–$$$$
NIEPOORT PISCA	$$$$
QUINTA DE LA ROSA	$$$–$$$$
QUINTA DE ROMANEIRA	$$$–$$$$
QUINTA DO CRASTO	$$$–$$$$
QUINTA DO INFANTADO	$$$–$$$$
QUINTA DO NOVAL	$$$$–$$$$$
QUINTA DO PASSADOURO	$$$–$$$$
TAYLOR'S VARGELLAS	$$$$$
VALLADO ADELAIDE	$$$$

世界其他国家相似类型的酒

Boplaas, Cape Vintage Reserve Port
南非，西开普 $$

Ficklin Vineyards, Vintage Port
美国，加利福尼亚，马德拉 $$$

Seppeltsfield, VP Shiraz / Touriga
澳大利亚，巴罗莎谷 $$

酒品选择

专家个人喜好

由美国纽约布雷斯林酒吧和餐厅，海鲂牡蛎酒吧和斑点猪餐厅的酒水总监卡拉·热茨乌斯基推荐

世界好酒推荐

FINE WINE

CHÂTEAU D'ARLAY, MACVIN DU JURA BLANC（霞多丽/萨瓦涅）法国，汝拉 $$–$$$

COUME DEL MAS, GALATEO BANYULS（歌海娜）法国，朗格多克 – 鲁西荣 $$–$$$

EQUIPO NAVAZOS, LA BOTA DE MANZANILLA PASADA 10（帕罗米诺）西班牙，桑卢卡尔·瓦拉梅达 $$$$

FERNANDO DE CASTILLA, ANTIQUE FINO（帕罗米诺）西班牙，赫雷斯 $$–$$$

GONZÁLEZ BYASS, FINO TRES PALMAS（帕罗米诺）西班牙，赫雷斯 $$–$$$$

HIDALGO, LA PANESA ESPECIAL FINO（帕罗米诺）西班牙，赫雷斯 $$–$$$

CHÂTEAU DE MONTIFAUD, VIEUX PINEAU DES CHARENTES（鸽笼白）法国，干邑，皮诺夏朗特 $$

BARBEITO, 1978 SERCIAL FRASQUEIRA（舍西亚尔）葡萄牙，马德拉 $$$$$

ROAGNA, BAROLO CHINATO（内比奥罗）意大利，皮埃蒙特 $$$$–$$$$$

AR VALDESPINO, MOSCATEL TONELES VIEJISIMO（麝香）西班牙，赫雷斯 $$$$$

AR VALDESPINO, FINO INOCENTE（帕罗米诺）西班牙，赫雷斯 $$$

OSBORNE, PALO CORTADO SOLERA PΔP（帕罗米诺）西班牙，赫雷斯 $$$$

BODEGAS TRADICION, OLOROSO（帕罗米诺）西班牙，赫雷斯 $$$$

EMILIO HIDALGO, SANTA ANNA PEDRO XIMÉNEZ 1860（佩德罗·希梅内斯）西班牙，赫雷斯 $$$$$

BARBEITO, 10 YEAR OLD MALVASIA（马尔维萨）葡萄牙，马德拉 $$$

QUINTA DO NOVAL, VINTAGE PORT（杜罗混合品种）葡萄牙，杜罗 $$$

TAYLOR'S, VINHA VELHA VINTAGE PORT（杜罗混合品种）葡萄牙，杜罗河 $$$$

DOW'S, QUINTA SENHORA DA RIBERA PORT（杜罗混合品种）葡萄牙，杜罗 $$$

NIEPOORT, 30 YEAR OLD TAWNY PORT（杜罗混合品种）葡萄牙，杜罗 $$$$

CHAMBERS, ROSEWOOD RUTHERGLEN GRAND MUSCAT（麝香）澳大利亚，维多利亚，卢森格林 $$$$

（括号里为葡萄品种）

备选酒

最佳性价比

ANTOINE ARENA,
MUSCAT DU CAP CORSE（麝香）
法国，科西嘉岛 $$–$$$

CARPANO, PUNT E MES（味美思）
意大利，都灵 $–$$

BARBADILLO, SOLEAR MANZANILLA
EN RAMA SACA DE INVIERNO（帕罗米诺）
西班牙，赫雷斯，桑卢卡尔·瓦拉梅达 $–$$

DOMAINE CAZES, RIVESALTES
AMBRÉ（白歌海娜）
法国，朗格多克－鲁西荣，里韦萨尔特
$–$$

CAMPBELLS,
MERCHANT PRINCE RARE MUSCAT（麝香）
澳大利亚，维多利亚，卢森格林 $$$$–$$$$$

CHAMBERS ROSEWOOD VINEYARDS,
MUSCADELLE（密思卡岱）
澳大利亚，维多利亚，卢森格林 $–$$

COCCHI, APERITIVO AMERICANO（麝香）
意大利，皮埃蒙特 $–$$

DOLIN, BLANC VERMOUTH DE
CHAMBÉRY（白味美思）法国，萨瓦，
尚贝里 $

KOPKE, WHITE PORTO 10 YEARS OLD
（阿瑞图 / 白玛尔维萨 / 玛丽亚·戈梅兹）
葡萄牙，杜罗河 $$$

BODEGAS CÉSAR FLORIDO,
MOSCATEL ESPECIAL（麝香）
西班牙，安达路西亚 $–$$

D'OLIVEIRA, 1988 HARVEST TERRANTEZ
MADEIRA
（特伦太）葡萄牙，马德拉 $$$$–$$$$$

DOMAINE FONTANEL,
RIVESALTES AMBRÉ（白歌海娜）
法国，朗格多克－鲁西荣，里韦萨尔特 $$

QUADY, PALOMINO FINO（帕罗米诺）
美国，加利福尼亚 $$

W & J GRAHAM'S,
SIX GRAPES RESERVE PORT（混合品种）
葡萄牙，杜罗 $–$$

THE RARE WINE CO., HISTORIC SERIES
NEW ORLEANS SPECIAL RESERVE
MADEIRA（特伦太 / 玛尔维萨）
葡萄牙，马德拉 $$$$

KOURTAKI, SWEET RED WINE
（黑月桂 / 黑帕斯琳娜）希腊，佩特雷，
马弗罗达夫尼 $

BODEGAS TORO ALBALÁ,
GRAN RESERVA PX 1985（非加烈）
（佩德罗·希梅内斯）西班牙，安达卢西卡，
蒙蒂勒－莫利莱斯 $$–$$$

MILES, RAINWATER MADEIRA（黑莫乐）
葡萄牙，马德拉 $–$$

VEVI, DORADO 1954（费德乔 / 维奥娜）
西班牙，卢埃达 $$

DOMAINE LA TOUR VIEILLE,
BANYULS（歌海娜）
法国，朗格多克－鲁西荣 $–$$

大师班：哀愁和索罗拉陈年系统

Saudade 这个葡萄牙人用于表示哀愁的词难以用其他语言翻译。它表示对从前的或遥远的某人、某物难以企及的向往。它也可以用在现在，表达一种虽然目前能得到满足但日后仍不免会失去的渴望。它也可以用以修饰葡萄牙人专业酿制的几乎可以无限窖藏的加强酒。现在为亲爱的孩子买一瓶马德拉酒，那么他曾孙的曾孙都可以享用。

有一部分加强酒用可得的新、老葡萄混合酿制，这多亏了部分混合法的精湛工艺。这些加强酒按年份存储在成排的橡木桶中。每一年，老橡木桶中的一部分葡萄酒被卖掉；桶里留下的顶空再由较新年份木桶里的葡萄酒装满，依此类推。这些葡萄酒在木桶里待了那么长时间以后，有可能变成从琥珀色到可乐色之间的任何颜色。

在葡萄牙，部分混合法酿制的葡萄酒由一组不同年份的酒混合而成，这些酒的年龄至少和酒标上标注的年份数字一样老，从 5 年的马德拉酒到 40 年的金色波特酒都有。在西班牙，描述这个系统的术语叫做索罗拉（solera），用于酿造雪利酒。年轻爽脆的菲诺酒采用索罗拉法陈年大约 15 年后就变成了阿蒙提那多酒；但如果没有生成菲诺酒特有的酵母层的话，那就成了帕洛·科塔多酒或欧罗索酒。伊比利亚人并没有将这种方法保密。在澳大利亚、希腊、法国和其他地方都能发现这种部分混合的加强酒。在西西里岛，这种传统方法的术语是一个深受拉丁语系影响的词：invecchiamento in perpetuum，永久陈年的意思。

无论如何，都不要过多地研究索罗拉陈年系统的工作原理，因为你将会开始在学校做数学题的噩梦："对于每年从第 k 层木桶里移出 n 岁的葡萄酒的数量……"。只要知道这是一个使我们在任何特定时刻都能享受到非常老的葡萄酒味道的系统就可以了。

想像一下来自葡萄牙的女歌手轻唱哀伤的葡萄牙民谣，听众就着波特酒或马德拉酒任眼泪流淌。歌手在钢线吉他上弹奏，吉他的木质框架，在各个地方的音乐语言中都称为索罗拉 。

如何识别这些要素

① 未标注单一年份的加强酒往往是部分陈年系统酿制的产物，包括金色波特酒和以 10 年（"10-year"等）标注的马德拉酒、阿蒙提那多酒、帕洛·科塔多酒、欧罗索酒和奶油雪利酒，以及马沙拉酒。

② 这些是世界上唯一因为棕色色调和没有年份日期而显得珍贵的葡萄酒，它们在木桶里陈年时由于和氧气接触而获得了茶色。

③ 如果你不是在西班牙或葡萄牙，就会在饭店酒单最末尾餐后甜酒区发现索罗拉法陈年的加强酒。但这并不意味着你一定要把它留到用餐接近尾声的时候享用。其坚果、海水和糖浆的味道搭配咸味美食的效果可以说非同凡响。

雪利酒酒窖

工头或酒窖总管不断地对酒做评估，以确定它们会成为哪种类型的雪利酒。他在每个桶的末端用粉笔标上记号，这决定酒的最终命运。

在传统的索罗拉陈酿系统中，最底层盛有最老的葡萄酒的木桶，也被称为 soleras。Solera 这个词来自 *suelo*，意思是地面或土地。往上的几层木桶被称为 *criaderas*。

在西班牙，取酒样筒通常是很长的金属制品，被称为 *la venencia*。

雪利酒酒窖通常是在地面一层，而不是在地下。夏天为了保持凉爽潮湿的环境，会在沙质的地面洒水。

酒窖里 500~600 升的木桶（称为 butts）一个叠一个地堆在一起。这些桶是用美国白橡木 *Quercus alba* 制成的，不像欧洲橡木那样有很多气孔。对于计划用木桶陈年葡萄酒几十年的酒窖来说，这可是一个重要的因素。

在部分混合酿酒法中，酿酒师每年可以从每个木桶里放出多达 1/3 的酒量，这部分酒由更近一些年份的酒代替。现年的葡萄酒被加入到最高一层的木桶里，这些桶称为 *anada*。

大师班：强劲的索罗拉风格酒

　　我安排的这些酒品是为了让你了解索罗拉酿酒法覆盖的广泛度和时间长度。但是尽管即兴发挥吧：例如，你可以逐一品尝来自同一个生产商的10年、20年、30年和40年的金色波特酒，看看随着索罗拉法陈年时间的增加，葡萄酒是怎么变化的。我的这一组是下面这些酒的混合：一瓶10年的布阿尔马德拉酒、一瓶至少15年（如果不是更老的话）的阿蒙提那多酒、一瓶20年的茶色波特酒、一瓶15~20年的马尔萨拉酒、一瓶VORS（非常稀有的老雪利酒）、30年的欧罗索酒，最后是一瓶40年的茶色波特酒。

BARBEITO
OLD RESERVE, 10 YEAR OLD BUAL
（布阿尔）葡萄牙，马德拉 $$$

备选
COSSART GORDON
10 YEARS, MEDIUM RICH BUAL
（布阿尔）葡萄牙，马德拉 $$$

BLANDY'S AGED 10 YEARS BUAL
（布阿尔）葡萄牙，马德拉 $$-$$$

MARCO DE BARTOLI
VECCHIO SAMPERI VENTENNALE
（格里洛）　意大利，西西里岛，马萨拉优质产区 $$$$-$$$$$

备选
RALLO SOLERAS VERGINE RISERVA 20 ANNI（格里洛）意大利，西西里岛，马沙拉 $$-$$$

FLORIO DONNA FRANCA RISERVA OLTRE 15 ANNI（格里洛）意大利，西西里岛，马沙拉 $$$

ALVEAR
CARLOS VII AMONTILLADO（佩德罗·希梅内斯）西班牙，安达卢西亚，蒙蒂勒-莫利莱斯 $$-$$$

备选
BODEGAS TRADICIÓN 30 AÑOS AMONTILLADO（帕罗米诺）西班牙，赫雷斯 $$$-$$$$

LUSTAU LOS ARCOS SOLERA RESERVA DRY AMONTILLADO（帕罗米诺）西班牙，赫雷斯 $-$$

BODEGAS DIOS BACO
BACO IMPERIAL VORS OLOROSO（帕罗米诺）西班牙，赫雷斯 $$$$-$$$$$

备选
OSBORNE SOLERA INDIA VORS LOROSO（帕罗米诺）西班牙，赫雷斯 $$$$-$$$$$

HARVEYS RICH OLD VORS OLOROSO（帕罗米诺）西班牙，赫雷斯 $$-$$$

RAMOS PINTO RP 20 QUINTA DO BOM RETIRO TAWNY 20 AÑOS
（混合品种）葡萄牙，杜罗 $$$-$$$$

备选
FERREIRA DUQUE DE BRAGANÇA TAWNY 20 AÑOS
（混合品种）葡萄牙，杜罗 $$$-$$$$

FONSECA 20-YEAR-OLD AGED TAWNY
（混合品种）葡萄牙，杜罗 $$-$$$

DOW'S 40 YEARS TAWNY（混合品种）葡萄牙，杜罗 $$$$$

备选
PRESIDENTIAL PORTO 40 YEARS TAWNY（混合品种）葡萄牙，杜罗 $$$$-$$$$$

CASA DE STA. EUFEMIA 40 YEARS OLD TAWNY（混合品种）葡萄牙，杜罗 $$$$$

如何侍酒

在西班牙品尝雪利酒用的这种极小的玻璃杯称为 copita，其他小型玻璃杯都是可以的。事实上，加强酒是如此芳香，将它倒进外婆的古董水晶玻璃高脚杯里进行展示也是一种乐趣。即使你能将马德拉酒成功地保存在桑拿（高温）环境里而不变质，这些葡萄酒在稍凉爽的环境里才能散发出最芳香的气味。最后，记住你不必强迫自己非得把这些非年份加强酒一次喝完。每个人都可以重新塞上瓶塞带回家放在冰箱里，在之后几周的时间里慢慢享用。

如何评酒

这些词汇的发音：Bual 是 BOO-AHL；Amontillado 是 AH-MAHNT-EE-YA-DOH；Oloroso 是 OH-LOH-ROH-SOH；Tawny 和 Marsala 你自己来吧。你可能注意到了 VORS 这个词是与 Olorosos 一起使用的，表示"非常老的稀有雪利酒"，表明该酒的索罗拉陈年时间至少有 30 年。

感官感受

索罗拉法陈年的葡萄酒往往具有烤坚果、皮革和糖浆的气味，以及五香枣干和葡萄干的味道。在你逐一品尝这些葡萄酒的过程中，记录下这些香气的强度。年龄越大的酒，气味和味道是否也更浓烈些呢？

食物搭配

烤咸坚果（杏仁、核桃仁，甚至五香山核桃）都可以与这些葡萄酒搭档，有助于识别闻到和尝到的是什么风味。如果你喜欢稍甜点儿的食物，中性（不蘸巧克力）饼干不错；或者是烤一些姜饼——马德拉酒的经典搭档。虽然我不能容忍抽烟，但如果你想在喝完这些酒之后抽一支雪茄，我是不会怪你的。

大师班：趋势如何？
烈酒 + 芳香

葡萄白兰地酒

几乎在每一个葡萄酒产区，你都会发现有人蒸馏发酵过的葡萄。最著名的白兰地酒品牌是干邑（Cognac），产自法国波尔多北部的西海岸，这里的白垩土壤、海风和温和的海洋气候孕育了芳香的白玉霓酸葡萄。和葡萄酒酿酒师一样，白兰地酒生产商也致力于捕获葡萄园的风土特征，因此干邑酒拥有指定的优质产区，那里有最好的酒庄（令人困惑的名字：大香槟和小香槟）。正如许多加强葡萄酒一样，干邑白兰地从延长的木桶陈年中获得了茶色，陈年的时间以字母 VS、VSOP 和 XO 的形式标注在酒标上。

干邑白兰地在西南部加斯科尼的堂兄——雅文邑白兰地（Armagnac），是由包括白玉霓在内的混合葡萄酿成的，部分原因可能是蒸馏过程稍有差异，其味道与干邑白兰地相比有一点乡村气息的泥土味。在南美洲（打赌你没有预见到这个），西班牙人早在 1600 年早期就引进了从葡萄酒里提炼烈酒的技术。如今，这个传统仍延续在秘鲁、智利和玻利维亚的皮斯科白兰地的酿造上，直到最近才知道这种烈酒是皮斯科酸鸡尾酒的重要成分。推动品质管理的新运动（在秘鲁尤为显著）使得这种葡萄酒成为值得追寻的啜饮佳品，其中最好的酒被命名为格兰皮斯科（Gran Pisco）。

葡萄酒和烈酒共生

大部分赫雷斯葡萄酒厂也生产白兰地，这并不奇怪，因为高质量的烈酒是好的加强葡萄酒里重要的组成部分。在雪利酒的故乡西班牙，蒸馏法的传统超过一千年了。其陈年方法与雪利酒几乎相同：酒被装入雪利酒用过的木桶，按照索罗拉方法放置。雪利酒享有全世界的赞誉，但质量同样好的赫雷斯白兰地酒更像当地特产。在法国的情况正好相反，在这里干邑白兰地得到了所有的浮华和魅力，而迷人的皮诺夏朗特（未发酵葡萄汁与年轻的白兰地混合酿制的红、白或桃红葡萄酒）却只不过是一个脚注而已。

来到意大利，格拉巴酒（法语为 Marc）是用通常要被扔进堆肥箱的东西酿制的白兰地。也就是说，这种酒是通过果渣（vinaccia）或酿酒剩下的碎葡萄皮、葡萄籽和葡萄茎这些残留物的蒸馏而得到的。但对于这种无论用什么葡萄酿制都彰显葡萄纯粹本质的重酒精度饮品来说，所有的东西都是有价值的。其中最著名的格拉巴酒产于意大利北部威尼托格拉巴村中心的魄力（Poli）酒庄。清澈的茶色（小桶陈年）格拉巴酒原料包括意大利的红白葡萄、波特酒和雪利酒，甚至还有从疯狂的波尔多风格混合酒里甄选出来的特殊瓶装酒西施佳雅。

历史的因素

波特酒、马德拉酒和马尔萨拉酒背后的故事都大同小异：英国人和荷兰人想要葡萄酒，但不具备生产它的气候条件。但是他们有船，于是便前往西班牙、葡萄牙和意大利等地购买。然后在返回途中发生了搞笑的事情：葡萄酒变质了。在 16 世纪中叶，有人发现在木桶中加入烈性酒可以让葡萄酒在运输过程中保持稳定，并具有更高的酒精度和更好的口感。（那时的酿酒工艺不同于现在。）所以，以后你再对全球化感觉不满的时候，别忘了：没有它，你就不会拥有那一小杯美妙的马德拉酒。

味美思酒

还有什么其他类型的饮品是葡萄酒爱好者必须知道的？味美思酒，葡萄酒的堂兄弟，可以作为开胃酒、消化酒和鸡尾酒的成分配料，也可以作为独立的饮品。在古罗马时期，治疗师煮出苦艾汤剂为病人治疗，里面加了糖和香料使它更适合大家的口味。到18世纪末期，意大利人开始将它与葡萄酒混合，过了大约100年之后，一名皮埃蒙特药剂师朱塞佩·卡佩拉诺将奎宁和其他药物与当地的巴罗洛葡萄酒混合，酿出了高贵的Chinato（意大利词语，奎宁的意思）酒。与此同时，瑞士人通过提取艾草及大茴香和小茴香的精华，酿出了让人上瘾的艾碧斯苦艾酒。与沁扎诺酒（Cinzano，意大利产苦艾酒）和诺丽帕特酒（Noilly Prat，法国产苦艾酒）的销售相比，味美斯苦艾酒要成功得多；这种经过香草和香料浸渍的葡萄酒与烈酒的混合饮品仍存在于人们关于小酒馆遮阳伞的记忆片段里。这种酒有两种基本类型：干白葡萄酒型，具有柑橘、洋甘菊、薰衣草和鼠尾草的芬芳；甘甜红葡萄酒型，具有肉桂、丁香、肉豆蔻和姜的混合风味。饮用味美思酒是幸福的享受，它具备葡萄酒拥有的一切，而且由于经过了香料浸渍，这种酒具有非常明显的芳香。所以下次当你的鼻子需要休息一下的时候，倒上一杯加冰味美思酒。别多想，只管喝吧。

生命之水

虽然用葡萄以外的水果酿酒通常都不太成功，水果白兰地酒是个例外。生命之水（Eau du vie）处在酒吧和酒窖之间的奇怪位置，经常是侍酒师在用餐结束时提供的饮品。它的法语名字是alcool blanc，德语名字叫Schnaps Obstler，捷克语名字是Pálenka，这种酒在整个欧洲都能找到（在新世界也是如此）。下面是一些有必要知道的重要酒款。

Calvados：来自诺曼底的法国苹果白兰地

Fraise 或 *Erdbeergeist*：草莓白兰地

Framboise 或 *Himbeergeist*：覆盆子白兰地

Gratte–Cul：刺梅果白兰地

Houx：冬青果白兰地（真的吗？是的。）

Kajsija：巴尔干杏子白兰地

Kirsch：樱桃白兰地

Mirabelle，*Quetsch*，*Slivovitz* 或 *Zwetschenwasser*：李子白兰地

Mure：黑莓白兰地

Myrtille：越橘／蓝莓白兰地

Pacharan：巴斯克加甜加香纯李子白兰地

Poire William：西洋梨白兰地

二、购买葡萄酒

·调研

　　无论是为了休闲享受还是要专业收藏，都要在购买葡萄酒之前尽量多花点时间做调研。可别犯新手的错误，比如购买一瓶你从未尝过的打折酒。要去阅读、提问、品尝、再品尝。你可以从下面这些地方开始调研。

书籍

　　没错，虽然书籍正在步渡渡鸟的后尘（灭绝），可它们中有很多（就像现在这本）确实包含很多非常有用的信息，比如：顶级葡萄酒产区不太出名的酒庄；需要留心的年份；及售价较低的葡萄品种。

杂志、报纸和时事通讯

　　报纸的葡萄酒专栏、葡萄酒杂志、时事通讯、聊天群和博客都可以帮助你获悉葡萄酒爱好者都在谈论什么酒，什么酒应该尝试，及什么酒被作价高估。不确定该看哪个人？请你喜欢的侍酒师或葡萄酒商为你推荐吧。

拍卖

　　如果你期望买到稀有或老葡萄酒，可能得去拍卖行。如果你是个精通数字的人，就上 Liv-Ex 网站仔细研究一下国际葡萄酒市场的数据。即使你不是这样的人，也能从 winebid.com 和 winecommune.com 这样的葡萄酒拍卖网站找到点儿感觉。

拍卖网站购买如何省钱

　　在拍卖网站上，寻找包装古怪的物品（不相关的分类或具有奇怪数字的葡萄酒）及不太出名的生产商。永远记住：网购看起来也许更便宜，一旦需要你支付运费且需要承担葡萄酒运输固有风险的时候，你就会发现本地购买也许更明智。

商店购买如何省钱

　　你如果认识当地的葡萄酒商，或名字被列在商店的电子邮件名单上，就可以在来新货时第一个得知。要关注桶底酒——上一年酿造的为数不多的最后几瓶年份酒。还要知道当你整箱或半箱（12 瓶或 6 瓶）购买的时候，许多酒行都会有 10% ~ 20% 的折扣。

网络

　　具有多个卖家价格列表的网站，比如 wine-searcher、snooth（右图）和 Vinfolio，对于确定你关注的葡萄酒的实际价值非常有用。别忘了把运费和当地的销售税费考虑在内，还要当心有些价格实际上是半瓶酒、超大尺寸装和整箱出售价格的平均价格。

网站查询：两个重要的网站

·年份重要吗?

　　你也许注意到了前文推荐的大部分葡萄酒并没有提到其年份。虽然每一年新上市的酒确实都具有独特的风格,但葡萄(单或多)品种、酿酒技

术及因此形成的整体风格年复一年通常都没有太大变化。那么，什么时候要考虑一下年份呢？下面列举了八种常见情形。

① 过去的年份酒仍能轻易买到

如果你有意购买葡萄酒行的出清存货或饭店便宜的杯卖酒的话，那就考虑一下六岁的葡萄酒。如果是清爽的白葡萄酒，这时也许已经过了最好的时候，如果是具有陈年价值的白葡萄酒，如雷司令或霞多丽酒，你可就走运了。进口商和葡萄酒卖家必须每几个月就要清理一次老年份葡萄酒的库存，为新酒腾出空间，即使那时老年份的酒才刚到最佳状态。

② 在饭店酒单上看到老年份的酒

你喜欢美味、具有泥土气息、口感成熟的老年份葡萄酒，但又不确定该选择酒单上的哪一款时，"选择最好的葡萄酒最容易的方法就是直接咨询侍酒师。"蒙特卡洛都市酒店的侍酒师弗雷德里克·韦尔夫雷这样建议，"他也许会建议一款口味同样好但价格更低的酒，或者是推荐一些顾客本来想不到，但表现良好的酒。"

③ 同一个生产商的两个或更多年份的酒同时存在

在后面几页里的"了解饭店的葡萄酒单"里，你就会注意到两款完全相同的葡萄酒，都是乔治·杜柏夫博若莱村庄酒。哪个年份更好一点？还是听从韦尔夫雷的建议，问问侍酒师他（她）喜欢哪个年份的。他（她）的实诚也许会令你感到惊讶。

④ 参与纵向或横向品酒

纵向品酒，是品尝一组来自相同酒商不同年份的同类型葡萄酒。如果你在当地葡萄酒商店看到一个纵向品评广告的话，要抓住这个机会。这是了解一个地区或酒商不同年份酒的特征及其陈年方法的绝佳方式。还有一种横向品评方式，是品尝不同酒商在相同地区、相同年份酿造的同类型葡萄酒。

⑤ 在拍卖会上购买

　　拍卖行经常拍卖老年份的酒。如果是一个专业的葡萄酒拍卖行，你可以肯定他们的酒存储得当。但冒险购买不知名的酒商陈旧年份的葡萄酒就很难说了，而且拍卖目录上只有仅有的标注"标签磨损"或"中低肩"（指瓶中酒的等级）几乎提供不了什么指导信息。

　　这些情况下，如果有一本参考手册就能派上用场了。我欣赏《迈克尔·布罗德本特的佳酿葡萄酒品鉴口袋书》，作者是一位葡萄酒大师兼嘉士得拍卖行酒品部资深经理。

⑥ 预购

　　高度受欢迎的生产商，特别是波尔多或勃艮第这些高声名地区的生产商，经常预售它们的葡萄酒，将整个年份的酒在上市前配置给各个买家。作为消费者，你可以通过开展这种业务的葡萄酒商订购。或者就像许多狂热的美国酒厂一样，你可以把名字留在等待名单上，希望有一天能在该酒厂的邮箱列表里获得一席

之地，这样你就可以直接从厂家预定了。业余爱好者应该注意预售葡萄酒可能遭受的价格动荡。就是说，如果评论家宣称一个地区可能会有一个"坏"收成的话，该地区酒的价格就会下跌。这是一个从顶级酒商购买葡萄酒的绝妙机会，因为即使在最坏的天气条件下最好的葡萄酒商也能酿出好酒。

⑦ 如果你钟情于某一特定产区的酒

　　有些酒客比较随意，而另一些则比较专情。如果你处在后一个阵营，比如你已经决定成为里奥哈葡萄酒爱好者，那么参考酿酒报告是明智的。你也许喜欢口味清淡、口感平衡的类型，如果你已经得知2011

年份天气很热，导致葡萄酒酸度较低、酒精度过高，就不要购买该年份的酒，而是尽你所能购买更加平衡的2010年份酒（如果还能买到的话）。

⑧ 如果你精通数字

　　我并不喜欢看年份表，因为它们对葡萄酒地区做的评估粗糙笼统，缺少细节。但有人喜欢在葡萄酒单中查找年份。如果你喜欢这样的话，就在外出用餐前制定一个计划。购买小的葡萄酒图表、葡萄酒指南口袋书或智能手机的APP应用程序，如从Berry Bros.& Rudd下载BB&R wines或从wine spectator

下载WS wine ratings。Wine advocate网站也为智能手机用户提供了方便的葡萄酒图表下载服务。在高档饭店不要浪费时间搜索葡萄酒、产区和生产商，因为在这些地方不提倡使用移动电话，而且这样做对你的用餐同伴也是不礼貌的。再说者，通过google搜索通常也找不到你需要的信息。

· 购买方式

　　我们也许相信"高层货架"真的代表高质量的酒，但不知道应该遵循什么规则来确定在与眼平齐的货架上展示的酒怎么样，既要保持好奇心也要保持谨慎。在中间和下面几层货架可以找到减价酒。经常去那些热衷于葡萄酒本身而不完全善于销售的小酒行看看，会发现更多的窍门。

超市

　　有些杂货商店（尤其在顶级葡萄酒生产国家）供应让人吃惊的上好葡萄酒。寻找那些耳后别着钢笔、带着围裙在葡萄酒区忙碌的人并向他们咨询。如果店内员工里有专门的葡萄酒管家，你可以肯定这个商店拥有大量的酒品备货。

瓶装酒商店

　　如果货架插卡（每一瓶酒下面的小标签，通常带有某知名出版物的数字评分）是由店主手写的，你就知道你会受到特别待遇。一些小的葡萄酒商知道什么酒正在发售以及某个进口商下一季将带来什么减价酒，所以要认识这样的人。

葡萄酒顾问

　　许多专业葡萄酒商店提供额外的咨询服务；或者你可以邀请你喜欢的侍酒师在非工作时间到家里帮忙设置你的酒窖或安排一顿完美的晚餐聚会。顺便说一句：如果你拥有实用的技能，比如会计、网站设计或遛狗，你也能够开展某项业务。

网络

　　在美国，虽然葡萄酒运输相关法律错综复杂，但网上葡萄酒商深谙此道。在你所在地区找到运费最低的网上卖家，但注意如果葡萄酒运输环境十分冰冷或异常炎热的话可能会导致葡萄酒变质。

拍卖

　　如果你发现一家小型独立的拍卖行正在清算某酒庄的葡萄酒，而你看中了其中一款酒，一定要问问该酒存储的所有细节，因为该酒的质量可能已经不好了。声誉好的大型拍卖行（比如嘉士得、苏富比等），能够保证葡萄酒存储在良好的环境里，而且还被允许在缺席的情况下或网上参与竞价。

直接从酒厂购买

　　酒厂的品酒屋常常按照最高的利润为每一瓶酒定价，以保护同样出售他们酒的零售商的利益。所以问问你最喜爱的生产商是否提供俱乐部会员身份。这些俱乐部的会员会定期以略有折扣的价格收到托运来的葡萄酒，并受邀参加特殊品酒会或酒品赛事。

· 葡萄酒商店

如今，我们抛开了光盘盒，坐在沙发上选购网上的鞋子，在 iPads 上面逛商场，用 Kindles 阅读电子书，在灯火通明、经过清洁消毒的超市购买食品和各种小物件。

但是葡萄酒行依然是过去的样子。虽然屠夫、面包师、烛台商都因为技术革新和省时的外卖组织而湮没，瓶装酒商店却依然并且更加兴隆。

考古学家告诉我们葡萄酒行的传统和文明本身一样古老。葡萄酒商贩在美索不达米亚的中央市场沿街叫卖；古埃及商人在黏土容器的把手上盖上独特的印章，这可算是现代酒标的前身；在古希腊，满满的一土罐葡萄酒需要花 20 德拉克马（drachmae，古希腊的银币名），大约相当于一头绵羊或十双单鞋的价格。

如今的贸易规模宏大，移动性强。由于出现了联邦快递，前往葡萄酒之乡的游客可以从品酒屋连夜向家里运送成箱的葡萄酒，忙碌的父母在大卖场成批挑选酒品，繁忙的专业人士来到葡萄酒和烈酒仓库为派对和周末备货。严谨的收藏家请咨询师帮助他挑选葡萄酒放入酒窖保存。

但是我们这些普通爱好者喜欢旧式葡萄酒酒行，也许我们当中的大多数人是想向可能会走向衰弱的圣坛表达敬意。在今天充满人类踪迹的城市环境中，葡萄酒商店就像是芳香幽静的神圣空间。我们用手指划过每一瓶具有倒弧曲线的凉爽酒瓶，研究设计巧妙的标签，间接徜徉在遥远的地方（南非、阿根廷、匈牙利）和远古时代。

请你的葡萄酒商告诉你与这些酒有关的地点和时间吧。他（她）会很乐意向你解释 Chateuneuf-du-Pape 酒瓶上的图饰是因为 1308 年教皇克莱门特将教皇城堡搬去了阿维尼翁城而加上去的。还有那瓶 "Zeltinger Sonnenuhr" 雷司令，它来自的酒庄所在有一个 1620 年建造的日晷，至今还能在白天向路人指示时间。

我们听到这些故事也忍不住想卖弄一番。"我想只有一小部分人去葡萄酒酒行。"纽约大学的经济学教授兼《葡萄酒经济》主编卡尔·恩托克曼观察发现，"他们是像你我这样极其爱好葡萄酒的人。对于这些人来说，葡萄酒是像艺术品一样的奢侈品。他们需要多种多样的选择，也愿意为其支付更多，去葡萄酒商店就是对自己的款待。"

所以无论你在哪里，都要善待自己。你也许发现不同国家的人购买葡萄酒的方式不同。在拉丁美洲国家找一家正规的酒行可能比较困难，因为那里的人们如此喜欢市场和餐馆里的小吃和饮料，他们不大会带瓶装酒回家。在印度，葡萄酒爱好者常常通过会员俱乐部购买。在香港，进口商总是努力直接与消费者建立联系。

如果你就住在生产葡萄酒、喜爱葡萄酒的地区，在附近就可能找到一家葡萄酒商店。在下文中，你会发现全世界的各种各样的葡萄酒商店，从超级市场到时尚的兼卖瓶装酒的酒吧，它们的共同点是：专业、精选和高质。虽然其中有一两家是需要预约的，但大部分商店都欢迎自来客到店浏览、品尝和了解。

右图：波尔多中心的琳达（L'Intendant）葡萄酒商店的旋转楼梯，位置越低的酒价格越高。

美洲

CRUSH WINE & SPIRITS

　　毫无疑问，时尚达人和摇滚明星（包括从事勃艮第红酒收藏和股票投资组合的金融精英）都会在这里购买葡萄酒。店主德鲁·涅波伦同时也是社会名流。这家时尚的商店位于市中心，特色是一面弧形、背光式葡萄酒墙（右）。其他的高端设计亮点有：一个大葡萄酒瓶形状的品酒屋，一座被称为"立方体"的光滑、温控式、由钢和玻璃建成的步入式酒窖，里面装满了精美的老年份酒。但除了这些浮华，克拉希也有其务实的一面：在这里，德国酒、奥地利酒、汝拉酒和雪利酒等都有大量的备货。

纽约东 57 街 153 号，10022
+1 212 980 9463
www.crushwineco.com

ACKER MERRALL & CONDIT

　　这个据称是"美国最古老的"家族式经营机构始于 1820 年，定期在纽约、芝加哥和香港举办精品酒拍卖会、葡萄酒课堂和酿酒师品酒会。

纽约西 72 街 160 号，10023
+1 212 787 1700
www.ackerwines.com

ADDY BASSIN'S MACARTHUR BEVERAGES

　　哥伦比亚特区的葡萄酒商人雇佣了一批葡萄酒专家，直接从欧洲进货，每年举办一次加利福尼亚桶边试饮品酒会和葡萄酒晚宴。

华盛顿哥伦比亚特区麦克阿瑟大道 4877 号，20007
+1 317 251 9463
www.bassins.com

APPELLATION WINE & SPIRITS

　　在纽约西切尔西区的高空城市公园附近，时尚潮人都汇聚在这里参加课程、品酒及挑选有机生物动力学自然葡萄酒。

纽约第十大街 156 号，10011
+1 212 741 9474
www.appellationnyc.com

ASTOR WINE&SPIRITZ

　　装备精致的的格林威治村葡萄酒圣地，设有品酒吧台、冰酒的冷冻间和定制的木头货架。

纽约拉菲尔大街 399 号，10003
+1 212 674 7500
www.astorwines.com

BROWN DERBY INTERNATIONAL WINE CENTER

　　波尔多期货在密苏里州的货源所在地，超过 75 年的老机构，每月用精美的亮光纸打印商品目录，拥有来自全世界的啤酒储备。

斯普林菲尔德南格兰斯通大街 2023 号，65804
+1 417 883 4066
www.brownderby.com

CENTENNIAL WINES & SPIRITS

　　得克萨斯州强大的葡萄酒酒行，雇佣了 6 名资质品酒师，在达拉斯 – 沃斯堡地区拥有 40 家店（有些以"Majestic"或"Big Daddy's"命名），大量供应烈酒、啤酒和雪茄。

达拉斯培顿路 8123 号，75225
+1 214 361 6697
www.centennialwines.com

CHAMBERS STREET WINES

　　自然葡萄酒支持者，直接进口商，时尚的翠贝卡区小声名葡萄酒商店中的佼佼者，被著名的博客博主维诺博士称为"美国最棒的葡萄酒零售商"。

纽约钱伯斯大街 148 号，10007
+1 212 227 1434
www.chambersstwines.com

EXPAND

　　巴西最有影响力的葡萄酒零售商，同时也是批发商，拥有 33 家店铺，主营优质的欧洲葡萄酒，同时向全国的超市和饭店供货。

巴西圣保罗希达德·雅尔丁大道 790 号圣玛丽亚百货公司
+55 11 2102 7700
www.expand.com.br

FEDERAL WINE&SPIRITS

　　看起来像座不起眼的小酒窖，但对收藏家们来说，这个位于波士顿市金融中心的贸易商是稀有老年份欧洲葡萄酒的百宝箱，也经营单一麦芽威士忌和微酿啤酒。

波士顿州街 29 号，02109
+1 617 367 8605
www.federalwine.com

美洲

FERRY PLAZA WINE MERCHANT

　　四名经验丰富的专业人士联手在内河码头历史上著名的海滨渡轮大厦创立了这个制酒兴趣中心，有着一个热闹非凡的酒吧，忙碌的业务日程表和不断变化的存货清单（包括工艺啤酒和烈酒），该清单由业内人士挑选，他们的口味趋向易与食物搭配的各类型葡萄酒。在渡轮大厦的户外农贸市场或室内供应商那里买完东西以后，人们可以在酒吧里品尝他们采购的食品［女牛仔牛奶奶酪、顶点（Acme）公司的面包等］，酒吧里清淡的招牌菜，如鱼子酱、肉酱和奶酪，也很诱人。

旧金山渡轮大厦 23 号商铺，94111
+1 415 391 9400/866 991 9400
www.fpwm.com

GRAND CRU

　　开始是布宜诺斯艾利斯的法国酒进口商和分销商，现在她是高端葡萄酒精品店，供应收藏级别的酒、旧世界酒，以及拉丁美洲的特价酒。

阿根廷布宜诺斯艾利斯罗德里格斯佩纳 1886，1014，
+54 11 4816 3975
www.grandcru.com.ar

ITALIAN WINE MERCHANTS

　　由顶级厨师马里奥·巴塔利和著名的饭店老板约瑟夫·巴斯蒂安尼奇合伙开办的联合广场葡萄酒商店，供应各种类型的意大利葡萄酒。

纽约东十六街 108 号，10003
+1 212 473 2323
www.italianwinemerchants.com

KERMIT LYNCH WINE MERCHANT

　　你也可以光顾科密林·林奇在伯克利的店，他是一位传奇进口商、卓有成就的作者、深情的音乐家、荣誉勋章获得者，同时也是同样具有传奇色彩的艾丽丝·沃特斯的好友。

旧金山圣巴勃罗道 1605 号，94702
+1 510 524 1524
www.kermitlynch.com

K&L WINE MERCHANTS

　　这个葡萄酒零售商同时也是直接进口商和拍卖商，在海湾地区有两家店，在好莱坞有一家店，拥有令人印象深刻的精选烈酒和葡萄酒储备。

雷德伍德城国王大道 3005 号，94061
+1 650 364 8544
www.klwines.com

LE DÛ'S WINES

　　超级明星侍酒师让 – 卢克·勒杜的西村人洞穴是一个值得浏览的好玩地方。这里什么都有，从具有惊叹价 9 美元的添普兰尼诺酒到 42 美元的"道依兹"特选香槟，以及其他必备的高分葡萄酒，应有尽有。

纽约华盛顿街 600 号，10014
+1 212 924 6999 www.leduwines.com

LIBERTY WINE MERCHANTS

　　这是不列颠哥伦比亚最大的名庄葡萄酒精选品机构，目前有七家店和一所葡萄酒学校。主营法国酒和有机精选酒，涉及的范围相当广泛。

加拿大温哥华 V6R 2J2，第十大街西 4583 号，+1 604 224 8050
www.libertywinemerchants.com

LINER & ELSEN

　　在这个痴迷葡萄的城镇，L&E 由于拥有富有的顾客群和靠近诺布山酒店街区的地理位置而独领风骚，冒险从遥远地区进口的葡萄酒受到当地葡萄酒商的热烈支持。

美国波特兰昆比街 NW2222 号，97210
+1 503 241 9463
www.linerandelsen.com

METROVINO

　　葡萄酒班，葡萄酒晚宴，还有些叫不出名字的名堂及强烈的冒险精神，这些都是亚伯达这家最另类的瓶装酒商店与其他的店区分的独特个性。

加拿大卡尔加里 T2R OE4，第十一大街 SW722 号，+1 403 205 3356
www.metrovino.com

EL MUNDO DEL VINO

　　侍酒大师艾克多·维加拉的酒行拥有前卫的设计和行家级的精选酒储备，无论你买来喝还是准备储存，维加拉的四家店都乐意为你效劳。

智利圣地亚哥拉斯孔德斯，伊西多拉·戈耶内切亚 3000 号
+56 02 584 1173
www.elmundodelvino.cl

THE WINE CELLAR

如何处理在牌桌上赢来的钱呢？把它们投资到如同地下金矿的葡萄酒上吧，这个金矿就在力拓度假胜地的村庄下面。在这里的酒窖里，你可以浏览 50 000 多瓶装酒，据称价值超过 1 千万美元，其中的 120 万美元为伊甘酒庄（Château d'Yquem）1855 ~ 1990 年的垂直收藏品。附带的酒吧提供超过 100 种杯装酒。

拉斯维加斯西火烈鸟路 3700 号，89103
+1 702 777 7962
www. riolasvegas.com

MUNDO GOURMET

这里为联邦区供应鱼子酱、鹅肝、进口奶酪、葡萄酒培训、葡萄酒文学作品及大量的葡萄酒（包括墨西哥产品）。

墨西哥城圣安吉革新大道 1541 号
+52 55 5616 2162
www.mundogourmet.com.mx

PIKE & WESTERN WINE SHOP

如果没有在这个独具慧眼的小店里驻足过，一次派克市场的购物旅游就不算完整。这里有来自华盛顿和全世界的葡萄酒供你选择，同时供应新鲜果蔬。

西雅图派克市场 1934 号，98101
+1 206 441 1307
www.pikeandwestern.com

PREMIER CRU

这里拥有令人印象深刻的精品葡萄酒陈列室和"特色珍藏室"，以及以法国葡萄酒为主的物超所值的酒品。第一家店开在奥克兰，接着在埃默里维尔，现在是在时尚的伯克利，训练有素的员工都热爱葡萄酒。

旧金山大学街 1011 号，94710
+1 510 644 9463
www.premiercru.net

THE RARE WINE CO.

内行人都认为进口商玛妮·贝尔克是"历史系列"马德拉酒背后的天才。他的商店里还出售地图、宣传画、直接进口的红酒醋和橄榄油，更别说贝尔克那无懈可击的餐酒了。

索诺马第八街东 21481，95476
+1 800 999 4342
www.rarewineco.com

SHERRY-LEHMANN

这个上东区最著名的葡萄酒精品店具有奢侈品的风格，但这里也有大量低于 20 美元的选择。富有的客户群喜欢这里举办的大师级课程、晚餐和波尔多期货酒。

纽约派克大道 505 号，10022
+1 212 838 7500
www.sherry-lehmann.com

67WINE

1941 年以来，67wine 活泼的黄遮阳篷和易于浏览的布局设计招揽了上西区的人来到这里，他们一边浏览，一边对从犹太洁食到日本青酒的每一类商品发表专业的建议。

纽约哥伦布大道 179 号，10023
+1 212 724 6767
www.67wine.com

TWENTY TWENTY WINE MERCHANTS

据《洛杉矶时报》记载，这里拥有美国最好的稀有老年份酒的库存；据《食物 & 葡萄酒》报道，电影明星都在这里购物。不必多言！

洛杉矶西部科特纳大街 2020，90025
+1 310 447 2020
www.2020wines.com

WALLY'S WINE & SPIRITS

这是一座加利福尼亚的百货商场，拥有超过 130 000 瓶葡萄酒，还出售奶酪、腌肉、饼干，等等。这里发生过的夸张事件包括，最近在膳朵（Spago）餐厅举办的每人 1500 美元标准的满分 2009 年波尔多酒主题晚宴。

洛杉矶韦斯特伍德大道 2107，90025
+1 310 475 0606　www.wallywine.com

ZACHYS WINE AND LIQUOR

这家极具魅力、具 70 年历史的砖墙小店也是一所成功的葡萄酒拍卖行和一个拍卖网站的大本营。店里的一台智能售酒系统得以提供大量的店内品尝。

斯卡斯代尔镇 1058 东花园路 16 号，10583
+1 800 723 0241
www.zachys.com

欧洲

LEGRAND FILLES ET FILS

几十年来，吕西安·罗格朗和他的女儿弗朗辛发现了许多当时还是无名小卒的生产商，如多玛士·嘉萨酒庄、特威龙庄园，并通过他们开在巴黎的商店把这些酒品推成了国际知名品牌。这个商店由 19 世纪的一座香料仓库转变成为一座味觉梦幻王国（包括 "vinotèque" 品酒吧，用糖果和薄荷彩带装饰的美食店铺，举办葡萄酒文化活动的附带建筑，及数个地下酒窖）。如今，这个地方已易新主，但仍是各种艺术活动的中心，比如艺术展览、葡萄酒学校、各类表演和吸引顶级酒商的品酒会。

法国巴黎银行 1 路 #12，75002，
+33 1 42 60 07 12
www.caves-legrand.com

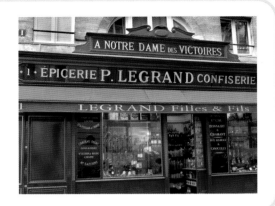

ANTIQUE WINE COMPANY

无论是为乘游艇出航置办葡萄酒，还是进行无价的投资组合，更或者是定制一个酒窖，这个公司都乐意为你效劳。和公司预约个时间吧，许多大企业的领导也是这么做的。

英国伦敦安妮女皇路 53 号，W1G 9JR
+44 20 3219 5588
www.antique-wine.com

LES BABINES

包括一个举办葡萄酒班和品酒会的酒吧，和一个供应葡萄酒、苹果汁、烈酒和啤酒的商店，这里提供杯装酒和小盘美食供顾客在购买之前品尝，另外还出售工艺餐具。

法国巴黎共和国大道 25 号，75011
+33 09 51 87 40 97
www.lesbabines.fr

BERRY BROS & RUDD

BBR 雇佣五名葡萄酒大师，经营两所葡萄酒学校，在其联排屋和"拿破仑酒窖"里举办葡萄酒宴。万一你被葡萄酒的价格吓到，就来贝辛斯托克的这家友善的箱底酒商店看看吧。

英国伦敦圣詹姆斯大街 3 号，SW1A 1EG，+44 800 280 2440
www.bbr.com

CAMBRIDGE WINE MERCHANTS

颇具鉴赏力的独立葡萄酒酒行，过去二十年里已经扩张到七家店。热心的主人以便宜的价格突显家族经营风格。

英国剑桥米尔路 42 号，CB1 2AD，U.K.
+44 12 2356 8993
www.cambridgewine.com

LA CAVE DES PAPILLES

在这个巴黎最有魅力的自然葡萄酒供应公司里，接受过品酒师培训的热情员工会告诉你他们供应的是"真实、真诚的葡萄酒"。最重要的是，价格在波西米亚顾客能够接受的范围内。

法国巴黎达盖尔路 35 号，75014
+33 1 43 20 05 74
www.lacavedespapilles.com

CAVES AUGÉ

位于圣拉扎尔火车站附近，里面摆满了你从未听过的自然葡萄酒瓶装酒。早在 1850 年（普鲁斯特曾在这里购物）这里曾因为每月的路边品酒会和暴躁的服务态度而闻名。

法国巴黎豪斯曼大道 116 号，75008
+33 1 45 22 16 97
www.cavesauge.com

LES CAVES DU FORUM

前往香槟区的访客在这里抢购16 世纪地窖里的瓶装酒宝藏，来自汝拉等地的奇异发现（收藏的葡萄酒）可供顾客浏览数小时，时尚的楼上附属建筑用来举办品酒会和学习班。

法国兰斯古尔莫路 10 号，51100
+33 3 26 79 15 15
www.lescavesduforum.com

CORNEY & BARROW

这家具有 230 年历史的公司享有与 DRC、勒弗莱酒庄和沙龙香槟这样的生产商的专有权。虽然 C&B 在伦敦只经营酒吧，但她在萨福克、埃尔郡和苏格兰都有门面。

英国纽马克特高街贝尔沃 CB8 8DH
+44 1638 600 000
www.corneyandbarrow.com

CPH GRANDE BOUTIQUE DU VINE

即使是在勃艮第，一站式葡萄酒购物也很方便。在处于博讷边缘的这家精心选自小到中型生产商（包括非勃艮第的）的精品酒专卖店就可以实现。

法国博讷夏尔·戴高乐大街，21200
+33 3 80 24 08 09
www.vinscph.com

欧洲

EATALY

现在的全球美食帝国的前身,是位于灵格托地铁站附近曾经的黄褐色卡帕诺味美思酒厂。虽然在这里可以体验一种迪士尼似的慢食文化,(我们认为)最好的并不是它的 10 个餐饮店,而是其意大利葡萄酒酒窖和珍藏室、连同品酒阁。那里拥有惊人的 30 000 瓶葡萄酒储藏,从最好的巴罗洛酒和香槟酒,到 2 美元每升的散装酒都有。酒窖里陈放着葡萄酒木桶。

意大利都灵维亚尼扎 230/14, 10126,和全世界其他地方的店面
+39 011 19 50 68 01
www.eataly.it

DEVINIS ILLUSTRIBUS

这个精品葡萄酒商店在万神殿附近拥有一个令人瞩目的建于 17 世纪的地下酒窖,该商店拥有稀有的老年份酒,你可以注册参加他们的指导性品酒会来对它们稍做了解。

法国巴黎圣 – 韧纳于耶芙山路 48 号, 75005
+33 1 43 36 12 12
www.devinis.com

ENOTECA BONATTI

穿过贝卡里亚广场就可以到达这家友好的酒行。自 1934 年以来,这家酒行就一直属于同一个家族,展示来自欧洲的酒品和全部的意大利酒品系列。他们还提供送货服务,所以可以在你的酒店房间里储备一些。

意大利佛罗伦萨文森佐乔贝蒂街 68 号,
50121 +39 055 660050
www.enotecabonatti.it

ENOTECA BUCCONE

以前是人民广场附近的一个车库,曾因为其跨世纪的古董、大理石面的品酒桌和拱形的天花板出现在一些意大利电影中,在其指导性品酒会上会提供特殊工艺制作的食品。

意大利罗马里佩塔街 19–20 号, 00186
+39 06 361 2154
www.enotecabuccone.com

ENOTECA COSTANTINI

生产商皮耶罗·科斯塔尼尼拥有这家商店和热闹的酒吧 Il Simposio Costanini。在这里可以参加品酒师课程、畅游瓶装酒的海洋或发掘这里的古物奇谭:比方说来自印度班加罗尔的单一麦芽威士忌,在罗马的时候……

意大利罗马卡沃尔广场 16 号, 00193
+39 06 320 3575
www.pierocostantini.it

HEDONISM

谁敢说这个相对比较新的梅菲儿酒行不是它自称的"最好的葡萄酒商店"?这里有古老的马德拉酒、1811 年的伊甘庄园酒、大量的罗曼尼康帝酒庄葡萄酒以及波尔多列级酒庄酒,但也有数百瓶价格低于 45 美元的酒。

英国伦敦戴维斯街 3–7, W1K 3LD
+44 207 290 7870
www.hedonism.co.uk

L'INTENDANT

虽然从外面看起来又笨拙又古老,里面可是一个相当现代的装满波尔多列级酒庄葡萄酒的螺旋形的奇特世界,沿着盘旋的楼梯越往下走,价格就越贵(因此如果你预算有限的话,还是在靠上面的酒里挑选吧)。

法国波尔多图尼尔路 2 号, 33082
+33 05 56 48 01 29
www.chateauprimeur.com

I PIACERI DEL GUSTO

松露和葡萄酒?我们想不出比这更好的经营项目了。位于皮埃蒙特的这家美食宫殿拥有四家店面,但葡萄酒爱好者往往喜欢到阿尔巴这家门店里给力的图书和瓶装酒区域寻找心仪的商品。

意大利阿尔巴,维托里奥·埃马努埃莱街 23 号, 12501 +39 0173 440166
www.ipiaceridelgusto.it

KADEWE

在这个梦幻的食品市场,置身于著名的 1907 分店,令人目不暇接的一系列美食奇迹与闪闪发光的一大片酒瓶争奇斗艳。零售和娱乐在四个知名香槟酒吧里完美融合。

德国柏林陶恩齐恩街 21–24 号, 10789
+49 30 21 21 0
www.kadewe.de

LAVINIA

这个巨大的奢华瓶装酒百货商场使全世界都开始关注马德里葡萄酒。受过侍酒师培训的销售人员很乐意帮助淘酒人和收藏家挑选酒款。在巴黎的商店也许是世界上最大的了。

西班牙马德里,乔斯·奥尔特加·加塞特街 16 号, 28006
+34 914 26 06 04
www.lavinia.es

LUTTER & WEGNER

这里曾经是浪漫主义运动的作者，英雄霍夫曼喜欢光临的地方，旗下的维也纳炸小牛排饭店如今在德国和奥地利是如此普遍和受欢迎，以至于有人忘了 L&W 是从 1811 年的葡萄酒酒吧和葡萄酒商开始起家的。在高雅的御林广场饭店用餐的客人可以在地板到天花板之间的深色木质货架上浏览来自德国和奥地利的珍宝。"sekt"表示德国的起泡葡萄酒，显然也被该店收入囊中；而且现在这款招牌酒的价格令人尖叫：7 美元一瓶。

德国柏林夏洛特街 56 号，10117
+49 030 20 29 54 95
www.l-w-berlin.de

LEA & SANDEMAN

这是伦敦"最早的葡萄酒商"，拥有五家城市分店，友好、随意，供应行家级商品，比如可靠的招牌勃艮第酒，店内的职员都是葡萄酒探索者，确实造访过许多葡萄酒商品的生产商。

英国伦敦富勒姆路 170，SW10 9PR，
+44 207 244 0522
www.leaandsandeman.co.uk

LA MAISON DU VIN STEINFELS

苏黎世最著名的葡萄酒拍卖行同时经营着一家在爱雪·维斯附近的时尚零售商店，富有的专业人士会在下班后来坐一会，品酒、上课或挑选葡萄酒。

瑞士苏黎世普丰斯特维德街 6 号，
CH-8005
+41 43 444 48 44
www.steinfelsweinshop.ch

MITCHELL & SON

这是国际金融服务中心里面的一个海滨商店，这个中心曾举办过富有传奇色彩的都柏林克里米亚战争晚宴，现在是这个古老的家族式零售商的家。别错过这里的招牌威士忌。

爱尔兰共和国都柏林 1 区 CHQ 大厦，
国际金融服务中心
+353 01 612 5540
www.mitchellandson.com

PECK

米兰大教堂附近的四层美食宫殿，这里不仅有糖果、腌肉、芝士、预制食品和华丽辉煌的餐具用品，葡萄酒酒窖也令人叹为观止，购物者应该试试他们的招牌酒。

意大利米兰斯帕达里路 9 号，20123
+39 02 802 3161
www.peck.it

RAEBURN FINE WINE

这个小型爱丁堡葡萄酒商店是阿拉丁酒店经典葡萄酒和自然葡萄酒的酒窖，对一些具有传奇色彩的生产商［从弗兰科·索得拉的拜斯酒庄（Case Basse）酒庄到杰斯科·格拉维纳（Josko Gravner）酒庄］享有英国专有权。

英国爱丁堡康丽银行路 21/23，EH4 1DS
+44 131 343 1159 www.raeburn.co.uk

THE SAMPLER

知识渊博、充满热情的二人组合，把他们的两家零售商店经营得和伦敦的商店一样激动人心，有各个重要品牌酒款，以及通过智能售酒系统进行尝试，还有各种各样的自然和稀有葡萄酒备货。

英国伦敦上街 266 号，N1 2UQ
+44 207 226 9500
www.thesampler.co.uk

SYSTEMBOLAGET

坏消息——瑞典的葡萄酒零售贸易被政府垄断了；好消息是——瑞典人喜欢这家店的葡萄酒，他们备货相当充足，尤其是皇家公园附近的这家。

瑞典斯德哥尔摩，瑞格林玛嘉坦 44 号，
111 56
+46 08 796 98 10 www.systembolaget.
se

TERROIRISTEN

当代葡萄酒酒吧兼零售商店，位于热闹的努埃尔布罗附近美食家聚集的商业街，专营从意大利和斯洛文尼亚直接进口的自然葡萄酒。

丹麦哥本哈根雅格斯伯格盖德 52 号，
2200
+45 36 90 60 40
www.terroiristen.dk

UNGER UND KLEIN

位于维也纳的纺织业区，其弧形的展示架就是供在这家兼卖瓶装酒的酒吧里逗留或用餐的顾客观看和挑选的酒单，拥有来自奥地利和全世界的精品酒以及物美价廉的果汁型招牌特酿。

奥地利维也纳戈尔斯多尔夫 2 号，1010
+43 01 532 1323 www.ungerundklein.at

澳大利亚

STEVES FINE WINE & FOOD

拥有超过半个世纪的经营历史和完全现代化的配置，斯蒂夫是任何一个酒行家在玛蒂尔达湾保护区周边必看的商店。这是一个现代的葡萄酒精品店兼餐饮酒吧，为堂食顾客提供 35 种杯卖酒，一个自助式的智能售酒系统可以为好奇的顾客服务。据说酒窖在澳大利亚拥有最多的备货，包括欧洲著名生产商（波尔多一级名庄、勃艮第特级葡萄园、超级托斯卡纳、顶级巴罗洛酒庄等）以及澳大利亚最好的产品。其中陈设的新鲜奶酪、果酱、橄榄油和其他美食也令货架熠熠生辉。

澳大利亚佩斯，尼德兰兹大道 30 号，WA6008
+61 08 9386 5800
www.steves.com.au

BROADWAY CELLARS

加利西亚人乔斯·费尔南德斯进口伊比利亚火腿、烟熏辣椒粉、番红花和自然苹果酒，并搜寻每一个西班牙葡萄酒地区最好的瓶装酒出售给经销商和他在格里布的众多顾客。

澳大利亚悉尼，格里布角路 96 号，NSW2037
+61 2 9817 4564
www.broadwayliquor.com.au

CARO'S WINE MERCHANTS

两个爱好葡萄酒的兄弟合开了这家流行的帕内尔商店，并开设了很棒的博客。他们与酿酒师合作举办的店内品酒会很受欢迎，这时闪闪发光的蓝色精品酒地下室魅力彰显。

新西兰奥克兰圣乔治湾路 114 号，
+64 9 377 9974
www.caros.co.nz

CRYSTAL WINES

市中心谷点（Valley Point）购物中心以西的这家陈列厅里自豪地展示着高级瓶装酒，这里的品酒会、葡萄酒主题晚宴和窖藏都非常受顾客欢迎。

新加坡河谷路 491 号，248371
+65 6737 3540
www.crystalwines.com

THE MOOMBA WINESHOP

位于驳船码头的澳大利亚美食饭店蒙巴在当地颇受欢迎，还设有瓶装酒精品店，自诩独家拥有非比寻常的澳大利亚品牌系列美酒和窖藏酒。

新加坡环路 52a，049407
+65 6438 2438
www.themoomba.com

MONCUR CELLARS

这家时髦的街角门店与乌拉娜酒店的蒙库尔小酒馆毗邻。你可以把喜欢的法国或南半球的葡萄酒和饭店厨师做的老鸭砂锅或自制香肠一起带回家。

澳大利亚悉尼蒙库尔街 60 号
+61 02 9327 9715
www.woollahrahotel.com.au

NICKS WINE MERCHANTS

始于 1958 年的一间乡村杂货店，现在是东唐卡斯特最好的精品酒酒行，还因为开发了评价葡萄酒的评级系统 www.winespider.com 而声名大噪。

澳大利亚维多利亚杰克逊庭院 10–12，3109
+61 3 9848 1153
www.nicks.com.au

ULTIMO WINE CENTRE

亲法派涌入乌尔蒂莫区电力博物馆附近的这座雄伟的砖墙建筑里来挑选法国（和世界）葡萄酒。这里还有葡萄酒文学活动、玻璃器皿、品酒会和葡萄酒晚宴。

澳大利亚悉尼约翰大街 21/99，NSW 2007
+61 2 9211 2380
www.ultimowinecentre.com.au

THE WINE EMPORIUM

这个商业中心酒店的品酒会、品酒课程、各种活动和精品葡萄酒、啤酒、苹果酒以及烈酒吸引了佛特谷 / 纽斯特德附近的居民。

澳大利亚布里斯班安街 1000 店铺 47，QLD 4005
+6107 32521117
www.thewineemporium.com.au

WINE HOUSE

南岸一座气派的罗马式建筑，包括一间零售商店和私人功能区，拥有英国葡萄酒及烈酒教育基金会开设的葡萄酒课程和大量的澳洲和新西兰品牌葡萄酒，使得这家商店成为了真正的葡萄酒神殿。

澳大利亚墨尔本皇后桥大街 133 号，3006
+61 03 9698 8000
www.winehouse.com.au

东亚

BERRYS' FINE WINE RESERVE

在金融区的艾尔弗雷德·登喜路置办领带和雪茄的时候，为什么不挑几瓶贵重的波尔多一级酒庄和勃艮第列级名庄的葡萄酒呢？伦敦的圣詹姆斯集团乐意为您效劳：预定的葡萄酒搭配你定制的套装。1698 年成立的 BBR 是服务于皇室的官方供应商之一，并在 1923 年酿造出了顺风（Cutty Sark）苏格兰威士忌。它还是一家以富有远见而闻名的公司：它是世界上第一家网上葡萄酒零售商，杀手锏是应用于 iphone 和 ipad 的葡萄酒 APP 应用程序。

香港中环遮打道 10 号太子大厦
+852 2522 1978
www.bbr.com

CAVE DE RELAX

位于日比谷公园附近的米纳托，陈列着 100 000 瓶珍稀和世界知名的葡萄酒（包括日本葡萄酒，不，我指的不是日本清酒），你可以走进品酒吧喝上几杯试试。

日本东京新桥西 1–6–11，105 0003
+81 03 3595 3697
www.caverelax.com

ENOTECA

在日本拥有 30 家商店的进口商和批发商，有一些以 "Les Caves Taillevant" 命名。最初的位置距离米纳托区的有栖川宫纪念公园只几步之遥（从君悦酒店走过去相当于健身了）。

日本东京有栖川西 1F 南麻布 5–14–15，106–0047
+81 03 3280 3634
www.enoteca.co.jp

EVERWINES

拥有多家商铺和酒吧的连锁店，储备 "每个人的葡萄酒"。大量的精选酒和高分酒保证几乎每位客人都能满意而归。

中国上海静安区台州路 200 号
+86 021 3208 0293
www.everwines.com

MAJOR CELLAR

确实，这家九龙商店储备了几乎所有法国和意大利最令人觊觎的葡萄酒，但它也拥有新世界的美酒，并举办顶级酿酒师的品酒会。

香港尖沙咀汉口路汉口中心 G6，5–15
+852 2312 0666
www.majorcellar.com

RARE AND FINE WINES

银行家和文华东方酒店的客人来到这家位于金融区的店铺也许是为了挑选香槟，但他们在这里也能发现更多惊喜：从澳大利亚葡萄酒到南非葡萄酒这里都有。

香港中环德辅道中 10 东亚银行大厦店铺 16
+852 2522 9797
www.rarenfinewines.com.hk

RED WINE CELLAR

在香港拥有三处办事处的精品葡萄酒零售商，供应各种酒，从波尔多一级名庄酒到新西兰长相思酒一应俱全。噢，是的，他们确实也储备有白葡萄酒。

香港九龙城候王道 6–10 号 3 号大楼
+852 2383 4388
www.redwinehk.com

TOUR DU VIN

阿里高特厨房饭店集团的一部分，位于法语称 "Seoul's Seorae" 村庄的一家怡人的酒吧兼零售店，酒单列有 500 种酒名，一些韩国的音乐明星是这里的老主顾。

韩国首尔瑞草区半坡洞 96–8
+82 02 533 1846
www.aligote.com

WATSON'S WINE

这个组织有序、具有温度控制装置的机构是屈臣氏集团的一部分，在香港中环有一家酒吧，每一个店铺里都设有特殊的精品葡萄酒屋，其最初的位置在国际金融中心。

香港中环金融街 8 号 #3019
+852 2530 5002
www.watsonswine.com

WINE MARKET PARTY

店名就很吸引人。这家位于惠比寿花园广场引人注目的涉谷区店铺里，知识广博、受过侍酒师培训的工作人员可以带你浏览各种各样的葡萄酒。这里也售卖奶酪和其他美食。

日本东京惠比寿，惠比寿花园广场 B1，4–20–7
+81 03 5424 2580
www.partywine.com

· 了解饭店的葡萄酒单

　　侍酒师把酒单递给你，然后你就开始出汗了。该怎么办？①做个深呼吸。②不要自以为是。③只管问吧。关于葡萄酒没有愚蠢的问题。所以对你的侍酒师微笑并说："你能帮助我做选择吗？"这毕竟是她的工作，她会乐意帮忙的。这里列举了你可能会碰到的常见问题及其答案。

Q 我能够信任饭店的招牌酒吗？

　　如果你是在距离高速公路不远的三明治小餐饮店里，最好还是选择啤酒吧。但如果你是在饭店里，这里富有深意的酒单很明显是葡萄酒采购员花了很多心思汇编的，那么饭店的"招牌酒"很可能就是好酒。有些饭店的招牌酒每星期都会更换，所以先问问是什么酒。

Q 我的钱不多，为了不让自己看起来像个吝啬鬼，我能不能选择价位在倒数第二的酒？

　　这是一个策略问题：很多用餐者都有同样的想法，所以饭店老板也往往因此将滞销的酒定在这个价位。如果你要在低价位里挑选，最好是选择这个价格区间里最不寻常的酒，因为侍酒师喜欢通过便宜的定价来推广不知名的酒。不要羞于告诉你的侍酒师你的预算。记住，美食家自己往往也会预算紧张，所以他们知道什么是特价酒。如果你不想让你的约会对象知道自己囊中羞涩，解决这个问题的巧妙办法就是，指着一个你能够承担的价格说，"我要和这个差不多的。"侍酒师应该就领会你的意思了。

Q 为什么没有更多的杯卖酒？

　　开过的酒即使再重新密封冷藏也不能保存很长时间：结构紧凑的红酒可以保存一星期，精美的白酒只能保存几天。正派的饭店不愿意把剩下的不再新鲜的酒端给客人，就只好把它们倒进下水道，可能这瓶酒还很贵。好一些的饭店常用氮气防腐系统保存开过瓶的酒，这就是为什么他们能提供那么多杯卖酒的原因，但这些设备非常昂贵。

D
Ste

S

G
G

Alain Gra
Felton Re

Bodegas Gutiérrez
Château Sua

Tío Pepe
Taylor's Vintage Por

Wine List

SPARKLING WINES

osset Grande Réserve Brut Champagne n

La Marca Prosecco di Valdobbiadene nv

—

WHITE WINES

House white *(by bottle / by glass)*

olla Pinot Grigio, Veneto, Italy 2012

Grüner Veltliner Terrassen, Wachau, Austria 2010

ng, Columbia Valley, Washington State, USA 2012

zat Sancerre, Loire Valley, France 2010

pt Chablis Premier Cru Les Vaillons,

Burgundy, France 2010

Chardonnay, Sanford & Benedict Vineyard,

a Barbara County, California USA 2010

—

RED WINES

e red *(by bottle / by glass)*

f Beaujolais-Villages, France 2011

Beaujolais-Villages, France 2010

oja Crianza, Spain 2008

ianti Classico, Italy 2008

rmitage, Rhône Valley, France 2010

Central Otago, New Zealand 2010

a Valley, California 1997

—

T WINES

encia, Spain 2010 *(half bottle / by glass)*

s, Bordeaux 2007 *(half bottle)*

D WINES

ain nv *(bottle / by glass)*

, Portugal 1985 *(bottle / by glass)*

Q 我们有四个人一起吃饭，但我们只想要一瓶酒，该怎么做呢？

　　首先，问问你的用餐同伴他们喜欢什么类型的葡萄酒，不要管他们都点了什么食物。你可能会发现某个点猪肉的朋友喜欢霞多丽酒，而这种酒与其他几个人点的鱼也能搭配。也不要羞于讨论大家都同意的价格范围；如果你们将分摊账单，现在讨论总好过于之后有人不高兴。最后，将你收集的所有信息提供给侍酒师并请他帮忙选择。

Q 我在本地的酒行见过这种酒，为什么在这里贵那么多？

饭店像酒行一样批量购买葡萄酒，但因为饭店提供玻璃酒杯、服务和配餐专业知识，因此利润要比零售店高。你也可以自己带酒，但通常会被收取开瓶费（在美国是10 ~ 30美元），这样算起来可能在饭店购买还更便宜些。

Q 我从没有听说过"château suduiraut"。它的味道怎么样？我能先试试吗？

　　如果这种葡萄酒是可以按杯卖的，大多数饭店将允许在点单前尝试。但如果是按瓶卖的，事先品尝就不大可能了，因为一旦打开，酒就可能变质，而且很难再销售出去，因为顾客都喜欢看到酒瓶在饭桌上被打开。

·顶级厨师和侍酒师透漏的葡萄酒配餐秘诀

食物和葡萄酒究竟能般配到什么程度？我们请世界上最令人赞叹的厨师分享他们激动人心的葡萄酒智慧、著名的侍酒师回忆他们最难忘的搭配经验。你会看到这里介绍的每一种葡萄酒类型都以非比寻常的方式与世界上最好的食物相搭配。也许你也将会深受启发去尝试属于自己的古怪搭配。祝你好胃口！

厨师：盖伊·萨瓦

巴黎、拉斯维加斯、新加坡

饭店：Guy Savoy、Ateliert Maitre Albert、Le Bouquinistes、Le Chiberta

葡萄酒偏好：萨维涅尔酒，安茹白葡萄酒，香槟

智慧："第一条规则是没有规则……最重要的规则是想想我们该和谁喝葡萄酒，而不是应该吃什么。"

经典搭配："野兔汤 (lièvre à la Royale) 搭配 1943 年伊甘庄园酒；鱼子酱搭配神之水滴（Pommard Rugiens）。"

类型：甘甜型白酒，新鲜清淡型红酒。

厨师（们）：马西米利亚诺和拉法埃莱·阿拉杰莫

帕多瓦、威尼斯

饭店：Le Calandre、Quadri

葡萄酒偏好：香槟，勃艮第白酒或红酒，皮埃蒙特或托斯卡纳本土品种葡萄酒，扎比安奴或丽波拉酒

智慧："我喜欢对比和平衡。"——马西米利亚诺
"我用葡萄酒搭配环境，而不是食物。"——拉法埃莱

经典搭配："2010 Josko Gravner Ribolla Anfora 搭配特纯橄榄油和李子干做的全麦意大利面包。"——马西米利亚诺
"2003 穆萨酒搭配鸡肝、鼠尾草和柠檬皮意大利调味饭。"——拉法埃莱

类型：橙色葡萄酒（见桃红酒部分）；结构紧凑型、中等酒体的红酒。

厨师：亚当·拜厄特

伦敦

饭店：Trinity 、 Bistro Union

葡萄酒偏好：罗讷谷葡萄酒，波尔多老年份酒，新世界霞多丽酒单独饮用，勃艮第白酒搭配食物

智慧："葡萄酒必须能够平衡食物。对于甜味的菜肴，我会配高单宁和高酸度的酒。对于富含脂肪的菜肴，我会选择果香更浓、矿物质味更为强烈的酒来与之平衡。"

经典搭配："2002 年，我做了一条鳕鱼，先用巴纽尔斯酒煮，然后放在砂锅里，压上一层鹅肝和少量巴纽尔斯酒，用一杯微微加热的巴纽尔斯酒搭配享用。我觉得很棒！但是后来头晕了好几天……"

类型：加强酒。

厨师：卡洛·克拉科

米兰

饭店：Ristorante Cracco

葡萄酒偏好：有机和生物动力学葡萄酒

智慧："有时候最好的做法是完全放松，让思想、感觉和感情做主。"

经典搭配："我用英国的芬迪曼汤力水而不是葡萄酒来搭配我的新菜' Acids'，将不同酸性材料如绿西红柿浆、金枪鱼蛋、酸奶、小黄瓜、兰香子、马斯卡泊尼乳酪、柠檬皮……混合在一起，真的是非常完美的搭配！"

厨师：亚历山大·高蒂尔

蒙特勒伊

饭店：La Grenouillère

葡萄酒偏好：汝拉白酒和红酒

智慧："别再相信预先的判断，食物与饮品的搭配是一条永无止境的路，其间充满了探索、快乐和失望。我们需要另辟蹊径去发现那些快乐的时刻。"

经典搭配："果仁糖和耶路撒冷洋蓟冰淇淋搭配高单宁波尔多红酒。这种甜点新鲜的美味与酒的力量是完美的搭档。这是一种既现代又非常经典的搭配方式。"

类型：浓郁醇厚的红葡萄酒。

厨师：安娜·汉森

伦敦

饭店：The Modern Pantry

葡萄酒偏好：坎帕尼亚的都福格雷克或法兰娜，新西兰的黑品乐酒

智慧："如果我有一瓶特别的酒，我会烹调食物来与酒搭配，而不是其他方式。如果你把葡萄酒看成一种用于平衡食物的酱汁，那就不会错。"

经典搭配："大蒜蜗牛和西班牙辣香肠碎会使任何的葡萄酒失去滋味。有一天（多少有点偶然），我用这道菜搭配冈萨雷·比亚斯的阿坡多尔斯（帕罗－科尔达多雪利酒），取得了辉煌的效果，因为这种酒个性十足：极干，但具有醇厚、浓郁的坚果味和非常棒的柠檬酸，并且回味悠长，能穿透味道十分浓重的黏性食物。"

类型：加强酒。

厨师：恩里科·克里帕

阿尔巴

饭店：Piazzo Duomo

葡萄酒偏好：香槟，巴罗洛和巴巴莱斯科葡萄酒

智慧："葡萄酒应该用智慧和好味道来搭配，就是这样！"

经典搭配："我的'沙拉 21，31，41'（应季新鲜蔬菜加腌鱼汤）搭配德国摩泽尔精选雷司令酒非常出色！"

类型：活泼芳香型白酒。

侍酒师：杰勒德·巴塞特

英国，汉普郡

饭店： Hotel TerraVina

经典搭配： 冷藏过的品乐塔吉酒搭配寿司

类型： 浓郁醇厚的红酒

侍酒师：安托万·彼德鲁斯

巴黎

饭店： Restaurant Lasserre

经典搭配： 安东尼干酪厂48个月的考姆特芝士搭配1910年舍西亚尔马德拉酒、1864年布阿尔酒，和"1748年的魔法索罗拉酒"

类型： 加强酒

侍酒师：阿德里安·法尔孔

纽约

饭店： Bouley

经典搭配： 味噌、竹蛏、扇贝和橙子酱搭配1989年逐粒精选雷司令酒

类型： 甘甜型白酒

侍酒师：张伊芳

香港

饭店： Upper House、Café Gray Deluxe

经典搭配： 2001年予厄酒庄半干沃莱葡萄酒搭配秋菊接骨木花洋蓟浓汤

类型： 活泼芳香型白酒

侍酒师：费雷德里克·韦尔费尔

蒙特卡洛

饭店： Hotel Métropole Monte–Carlo

经典搭配： 蛋制甜点搭配老年份波特酒

类型： 加强酒

侍酒师：费伦·森特列斯

巴塞罗那

饭店： elBulli（–2011）

经典搭配： 雷司令酒清蒸贻贝搭配格奥尔格·布鲁尔·施洛斯伯格酒

类型： 活泼芳香型白酒

侍酒师：拉雅·帕尔

旧金山

饭店： RN74（+ Mina Group restaurants，U.S.）

经典搭配： 罗第丘雅梅酒庄酒搭配咖喱羊肉

类型： 浓郁醇厚型红酒

侍酒师：帕斯·莱文森

布宜诺斯艾利斯

饭店： Nectarine

经典搭配： 烧洋蓟烤核桃仁和伊比利亚火腿搭配阿根廷洛佩斯酒庄"赫雷斯"加强酒

类型： 加强酒

侍酒师：雅尼斯·柯哈奇

蒙彼利埃

饭店： Le Jardin des Sens

经典搭配： 烤布列塔尼龙虾配油煎野蘑菇搭配2001年教皇新堡西亚斯庄园酒

类型： 浓郁醇厚型红酒

侍酒师：尼古拉斯·博伊西

圣塞巴斯蒂安

饭店： Mugaritz

经典搭配： 清蒸海葵配骨髓搭配 Equipo Navazos La Bota de Fino Marcharnudo Alto No.27

类型： 加强酒

·服务员，我的酒有问题

　　葡萄酒已经倒好了。我们轻摇细嗅，它的气味……有点怪！但如果它本来就该是这种气味呢？无论何时我们买了一瓶有问题的葡萄酒，都可以去更换。一个人非常讨厌的气味，另一个人也许却极为喜欢。那么，你是不是买了一瓶劣质酒呢？这里列出了清单，让你了解最常见的葡萄酒缺陷和非缺陷，以及识别它们的小窍门。

缺陷

黄油爆米花味：二乙酰——苹果乳酸发酵自然生成的副产物，闻起来和尝起来却像奶油糖果或黄油爆米花。虽然在有意为之的黄油样霞多丽酒里（一定程度上）允许有这种味道，但在红酒或大多数其他的白酒里不应该有这种明显气味。

潮湿的游泳池味、湿硬纸板味、潮湿的地下室味：这种臭味是由 2,4,6- 氯苯甲醚（TCA）化合物引起的，称为木塞污染。由于通常只是单个酒瓶的木塞发生了问题，从同一个生产商那里换一瓶应该就会是好的。

马德拉酒或卤汁青菜味：马德拉酒当然应该有马德拉酒的味道。任何其他葡萄酒具有这种味道都是因为曾经放置在过度温暖的环境中。你也许在开瓶前就能够识别出一瓶煮熟的酒，因为瓶内温暖空气的膨胀会使软木塞有一点儿向外突出，而且这种酒看起来有类似褐色的颜色。

橡皮、点燃的火柴味：当用作防腐剂的二氧化硫与葡萄酒发生不良反应时，就会产生还原剂的气味。如果你用一把小银勺搅动葡萄酒，在杯里投一枚硬币或让酒暴露在空气中半小时，这种臭味就会被吹散了。

臭鼬、臭鸡蛋、卷心菜味：各种形式的硫既是酿酒师的朋友也是敌人，它们可以被用作防腐剂和杀真菌剂，但如果用得太多，就会制造不愉快的结果。如果在装瓶过程中没有接触过多的氧气，那么一把小银勺是帮不了你的。很抱歉。

醋、洗甲水味：像醋酸一样，挥发酸使葡萄酒闻起来像醋，可能在操作或存储的过程中产生。如果产生的挥发酸是乙酸乙酯，就可能产生好闻的橡胶水或洗甲水的味道，这种情况属于酒厂酿酒过程中发生的错误，所以再换一瓶酒也不会令人满意。

非缺陷，那是？

谷场、牛粪、臭奶酪味：酒香酵母（或称 brett），是一种通常在酒厂里出现的酵母。有些热衷者喜欢纯朴的 bretty 葡萄酒的这种臭味。讨厌 brett 的人称这是一个缺陷，是由于环境不卫生造成的结果。如果这种味道太过强烈的话就是缺陷。

石英晶体：酒石酸附着在木桶内壁上，看起来像细小的玻璃碎片。许多生产商采用冷却法稳定葡萄酒将它们去除，但如果你在杯子里或木塞上发现了酒石酸，请放心它们是完全无害的自然沉淀物。

破损的木塞：我们已经知道，木塞受到污染的葡萄酒是因为 TCA（讽刺的是，它是由木塞上或酒厂使用的氯清洁剂引起的）。但是虽然软木塞看起来是破旧的，酒也可能还是好的——只要封口处还是密封的。有些生产商会给他们的酒瓶换塞以延长酒的寿命。

虫蛀的标签：葡萄酒应该存储在潮湿的酒窖环境中，以保证软木塞不会干透而使空气进入瓶中。所以如果老年份葡萄酒的标签看起来像是曾经被放在热带雨林一样生了苔藓，这样反而更好。喝吧！

雪利酒味：这是个棘手的问题，因为许多葡萄酒（当然包括雪利酒）都是用有意氧化的方式酿造的。而过氧化葡萄酒是因为在酒厂或在软木塞干缩的瓶内与空气过度接触。问问你的侍酒师"这种酒应该有雪利酒的味道吗？"这总是没有坏处的。

起泡：葡萄酒商向许多清淡的白酒和桃红酒里加入二氧化碳来保持酒的新鲜活泼。但一杯起泡的静止红酒可能是在瓶内完成了发酵，酿酒师却并未觉察（通常是拥有自然冷凉酒窖的小生产商）。如果你将起泡的红酒暴露在空气中，气泡就会逐渐消失。

三、侍酒和饮酒

· 需要置办的工具

当然，一只开瓶器和几只玻璃杯也可以应付。但如果你计划深入葡萄酒品鉴的话，就会想拥有合适的装备。下面是一些在葡萄酒爱好者的酒窖里会找到的工具。

葡萄酒包

专业人员带着特别为瓶装酒制造的尼龙带轮包袋（65~350 美元）开车在镇上穿行。但我去赴晚宴时更喜欢我的 Reisenthal 九瓶装酒瓶包（大约15 美元），其材料是坚韧的聚酯纤维（比酒行免费赠送的普通袋子好）。

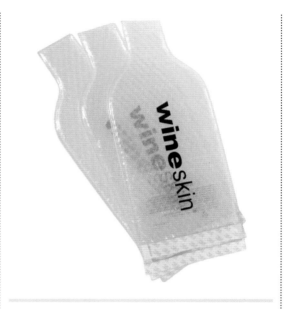

冰桶

玻璃或水晶冰桶都存在潜在的危险，因此选择基本的不锈钢桶做冰桶。带有把手也许会有用，只是别用劣质螺钉或接头固定的那种，它们可能生锈或因为频繁使用而脱落。无论如何，请从底部托住桶。

旅行保护装置

对于航空旅行，你可以购买昂贵的带泡沫钛合金葡萄酒箱，但将酒囊（Wine Skin，一种密封的塑料袋，每只 3 美元）塞在箱子中间也很好用；或者准备一个有泡沫的包装也行。只是要记住葡萄酒一定要托运，不能被带进机舱，无论你多想把它留在身边悉心照料，也无论它是多么特别的葡萄酒。

滗酒器

　　外婆的古董水晶滗酒器看起来很可爱，但不实用：笨重，而且可能含铅量太高。购买一只简洁的宽底滗酒器，瓶颈微带弧度、瓶口呈喇叭形的那种。瓶身倾斜的"鸭形"滗酒器也很好，上面还附带一个把手便于倾倒。（这些滗酒器的售价在 25~300 美元。）

你的医疗箱里有什么?

"在我外出办事,比如参加一个收藏家私人品酒会时,我会带着一个医用工具箱去。"纽约市布鲁(Boulud)酒吧、布鲁食品店和布鲁餐厅葡萄酒采购精英兼首席侍酒师迈克尔·马德里加莱说。在马德里加莱的"医疗箱"里都有些什么呢?首先是一个红酒架,"它和方向盘一样基础也一样重要。虽然看起来很古老,就像这个小小的复活节柳条蓝,"马德里加莱说,"但超级有用,特别是当你不想醒酒的时候。"

何时使用红酒架

"对某些葡萄酒,比如波尔多百年老酒,你并不想把它倒入滗酒器,因为这样会使它的口感一落千丈。要把酒瓶垂直放置24小时后再把它放在红酒架(大约25美元)上,使用酒架来倒酒。"马德里加莱建议,"这样,沉淀物就留在了瓶里,而不会到达杯子里。"

软木塞拾取器

"每个优秀的侍酒师都有一只。"马德里加莱告诉我,"它有点像狂欢节上用来夹紧毛绒玩具把它从箱子里拉出来的那种机器。"有了这个便宜的工具(5~15美元),就可以把漂浮在瓶子里的那些讨厌的破碎木塞掏出来啦。

彩色编码标签

"随着夜晚的深入，你很容易就会忘记哪个杯子里是哪种酒，并怀疑你是否在错误的杯子里倒入了错误的酒。"马德里加莱说，"我会用文具店买来的小小彩色编码贴纸贴在每个杯子的底部做标记。它很漂亮，是防止混淆的好方法。"

高端开塞钻

如果你愿意购买更坚固的工具，就看看法国拉吉奥尔（Laguiole）漂亮简洁的木头手柄开塞钻吧，它具有良好的手持重量和弯曲的刀刃。无论你选择哪一种开瓶器，一定要保证它有锯齿形的刀刃以便能割开箔纸瓶封。

侍应生开酒器

精美的东西可能会被损坏，也不适合随身携带。我的整座房子里，大约有 10 把普尔塔（Pulltap）的侍应生开瓶器，放在厨房的抽屉里、酒窖里、我的葡萄酒包里，细想一下，也许还有我的自行车和汽车里。这个仅仅 5 ～ 10 美元的双铰链"侍应生的朋友"是不会让你失望的。

杜兰德（Durand）开瓶器

"这东西棒极了，真的非常好用！"马德里加莱相信，"它就是开塞钻和阿索（Ah-So）开瓶器的完美结合。首先，把金属圈（也称"螺纹"）旋进软木塞里，然后将 Ah-So 尖叉刺入软木塞与之合二为一。"轻轻扭转整个装置，易碎的软木塞就被完好无损地取出来了（125 美元）。

· 高脚杯

我不希望任何人有这样的想法：如果不购买 15 只不同形状、不同大小的品酒师级水晶高脚杯，就不能好好享用葡萄酒。如果你正在阅读这本书，也许会发现自己对葡萄酒越来越有热情。如果是这样的话，你至少应该购买一些必要的高脚杯。

材料和形状

让我们从解析外形开始，以加深你对其重要性的理解，然后再探究一些葡萄酒领域广泛适用的杯形。首先，考虑原材料。水晶也许比普通玻璃昂贵，但葡萄酒品鉴使用水晶杯会好很多；用钡、钾、锌（或渐渐减少使用的铅）代替钙作为制作材料，使杯子更清透、更闪耀也更密实。其强度允许被制成更多的形状，而且与普通的玻璃杯相比，它对香气的引导也更流畅。

用劣质的高脚杯喝葡萄酒，除了一口玻璃味什么也尝不到（是的，玻璃的确有一种明显的气味和味道）。水晶的强度允许杯壁做得很薄，整齐切割的圆整杯口可以将葡萄酒不受任何阻碍地直接送到你的消化道。经典的郁金香形状的高脚杯，其浑圆的杯身使葡萄酒可以获得最大的氧气接触面积，略微收窄的杯口能更好地汇聚酒的香气。脚柄有三个作用：持杯时手不会碰到杯身使酒升温；提升了观察效果，能从各个角度欣赏葡萄酒；突显品尝葡萄酒时的优雅。当然，细长的脚柄容易折断，如果你能找到脚柄较短的高质量水晶杯，那你运气不错。

脚柄和洗碗机

我觉得无柄的葡萄酒玻璃杯就像被剪掉的郁金香一样丑陋。首先，当你用37℃的手掌端着杯子时，其中酒的清凉可保持不了多长时间。别准备手抓食物了，除非你不介意看到油腻的手指印弄花那些水晶般通透的酒杯。在一团乱的桌面上评估酒的清澈度和颜色是需要点儿运气的；而且如果你特喜欢摇晃葡萄酒的话，还要当心那些不规则形状的红色酒滴。我听过无柄玻璃杯清洗不容易被打碎的说法，但我是不会买的。这些年里我打破的都是高脚杯的杯身。

说到清洗：饭店使用洗碗机，我也这样做，你也可以。玻璃杯在葡萄酒夜晚结束时所面临的最大的危险就是你的两只手。如果你决定手洗，请遵循以下的几个步骤：①冲洗杯子。如果有葡萄酒残留黏在杯底，就往里面倒点儿温水浸泡几分钟。②用稍微粗糙的湿海绵或湿布轻轻地擦去口红印和细菌。③再次用温水冲洗酒杯，然后自然风干。重要的是：让肥皂远离这些酒杯，除非你想让下一杯葡萄酒闻起来像洗发水。

逆耳忠言

酒杯应该手洗的老话都是废话。较老的洗碗机使用肥皂粉，使杯子上产生了一层难看的薄膜，但现代的洗碗机使用肥皂液和亮碟剂，能让你的水晶杯保持水晶般通透。

购买基本酒杯

现在该去购物了。我们将在下面看到六种基本酒杯，它们能满足对所有的高脚杯需求。你可以从购买第一种形状开始，然后在对葡萄酒的好奇心驱动下和预算允许时再过渡到购买更多的杯形。你应该将购买高脚杯看作和购买葡萄酒一样重要，也一样具有风险：等到你能够购买顶级酒时，也要做好准备接受偶尔的失望（因为瓶塞变质或玻璃杯掉到地上摔碎）。最重要的是要从专门为葡萄酒品尝设计酒杯的生产商那里购买。

首先：通用酒杯和香槟杯

一只并不昂贵的355~415毫升（12~14盎司）的高脚杯可以用很长时间。不管它叫什么名称，只要它具有半球形的杯身和削薄的杯壁就可以用来盛红酒、白酒、起泡酒和餐后甜酒，还可以盛啤酒！你也许能够在饭店供应商那里找到12或24只一箱的基础型水晶杯。买一箱、两箱或三箱。如果你能够为30人的鸡尾酒会上每一位客人都提供一只优雅的高脚杯的话，你的款待就会有趣得多。一旦拥有了这些精美的水晶高脚杯，你就可以把这些通用型玻璃杯收纳到厨房的橱柜里供日常使用，而把昂贵的杯子留在特殊的宴会时使用。不用犹豫把这些小东西放进洗碗机清洗吧。

现在我们必须把注意力转移到香槟酒上。虽然相当多的葡萄酒专家喜欢用大玻璃杯饮用香槟酒，细长香槟杯依然是最优雅的形状也是欣赏那些无比迷人的丰富气泡最好的方法。此外，它有限的尺寸允许一瓶昂贵的香槟酒能喝更长的时间。所以为自己购买至少8个236毫升（8盎司）的香槟杯吧。这些杯子的口径比杯身直径小，能更好地引导起泡酒的微妙芳香。如果没有准备香槟酒就在这些香槟杯里倒上甜酒或加强酒吧。这些杯子盛放这些颜色丰富的葡萄酒时很漂亮，而且236毫升（8盎司）的尺寸也限制了马德拉酒的量，因为你可能会一饮而尽。

其次：白兰地杯

你的祖父用笨重的老式切割水晶玻璃杯喝苏格兰威士忌，但这并不意味着你也必须这么做。你可以选择一个半球形杯肚的低矮玻璃杯，里面可以放两三块冰块——你或你的客人喜欢加冰烈酒的话。短柄脚或无柄脚意味着你的手将为威士忌或白兰地加热，令它们的香气绽放出来。虽然这种杯型最适合苏格兰威士忌、白兰地或波旁威士忌，但它们也可以用于波特酒、马德拉酒或餐后甜酒。

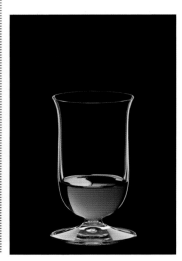

至于找哪一个制造商购买葡萄酒杯，最有名气的是 Riedel，该澳大利亚水晶玻璃公司是为不同的葡萄酒类型和风格设计最合适的特殊杯型的先行者。这个制造理念也许有点儿不切实际，但这些杯型确实有助于（我已经试用它们很多次了）突出每一种特定葡萄酒的最佳特征。也就是说，如果你使用形状更加标准的玻璃杯，你的品酒感觉就不会可悲地错失。Riedel 的直接竞争对手 Spiegelau，其售价要便宜一点。比较好的玻璃杯品牌还有：Rosenthal、Schott Zwiesel、Stotlzle 和 Zalto。如果你在挑选结婚礼物，好一点的百货公司或专卖店（如 Tiffany&Co.）都有专为葡萄酒设计的水晶杯出售。

再次：大酒杯

准备在开胃酒时间使用你的通用酒杯吗？你在做饭而其他人都站在厨房周围吃餐前点心的时候，使用你那些基础型的酒杯是不错的选择。但下一步就是要在饭桌上用一组具有 591~887 毫升（20~30 盎司）容量的超大波尔多玻璃杯制造效果了。当然，你不会往每个酒杯里倒 887 毫升（30 盎司）葡萄酒，一瓶标准的葡萄酒只有 750 毫升（25 盎司）的容量！小心地倒入红葡萄酒，直到液面到达最宽的部分（大约 1/4 高度）。这样，你就不会在还没为所有人倒完酒之前就把酒瓶倒空了。更重要的是，你能让醇厚的红葡萄酒享受最多的氧气。

最后：勃艮第白酒杯和勃艮第红酒杯

你的客人已经在鸡尾酒时间喝过白葡萄酒或香槟酒了。现在是时候坐下来吃饭了，你为此准备了一大瓶极好的蒙拉榭酒。一只 355~591 毫升（12~20 盎司）的小到中型高脚杯放在你那大一点儿的波尔多酒杯旁，看起来很优雅，而且不会用错杯子倒错酒。有些狂热的葡萄酒爱好者喜欢用更宽的、杯身像气球一样的酒杯为霞多丽酒和精美的勃艮第白酒醒酒，但如果你不是特别喜欢霞多丽酒，就选择更标准的 U 形杯吧，它适合雷司令酒、白诗南酒和任何你拥有的其他精美的白葡萄酒。

最后，如果你爱上了黑品乐酒，那确实值得购买一只勃艮第玻璃杯，虽然它的外形很滑稽。最好的是 125 美元每只的 Riedel 侍酒师系列（下图），这个外观不太漂亮的容器容量为或一升多（37 盎司）。波尔多玻璃杯夸张地过分强调品乐酒里微妙的水果味和鲜明的酸度，而一只好的勃艮第玻璃杯则能突显这种葡萄酒微妙的细节。宽大的杯肚能使酒得到充分的氧气享受，相对较窄的杯口使香气汇聚，而喇叭口的形状使口感顺滑。因为这种玻璃杯的体型如此滑稽，对于更大型的晚宴它不是理想的选择，因为它会占据太多的桌面空间。或者就仅仅买上 2 ~ 4 只，带出去和亲密的家人或朋友分享特别的酒吧。

· 葡萄酒储藏和保存

大多数葡萄酒在购买后几个小时就被喝掉了；但也许你准备买一些特别的酒长期存放。正确地存储这些特别的葡萄酒来保护你的投资吧。

了解敌人

光线、振动、热量、温度波动和干燥，（合起来简称 LAHFD），都是葡萄酒的敌人。储藏葡萄酒最糟糕的地方包括：冰箱顶上或微波炉旁边（热／干）、密封性差的窗户旁边（光线／温度波动）、挨着铁路轨道的房子（振动）。

厨房的冰箱不是朋友

把酒放在冰箱里冷藏一晚是可以的，但别把葡萄酒长期存放在普通冰箱里，那里太干燥了。如果你打开一瓶白酒或红酒又重新塞上瓶塞放在冰箱里（不是柜台上！）可以使它保持新鲜，但要知道如果里面有散发恶臭的东西，比如鱼，那你的葡萄酒也会受到连累的。

汽车是葡萄酒的危险场所

把葡萄酒放在汽车里绝不是个好主意。如果你要带几瓶特别的酒开车去避暑，那就把酒放在一个装有冰袋的箱子里，并用毛巾填补空隙，以保证葡萄酒处在凉爽、黑暗和稳定的环境里。如果天气很冷，注意让你的酒瓶与空气隔离以免结冰。

阿姨的酒窖

假如一位家族成员拥有一座壮观的葡萄酒酒窖，为什么不把你的宝贝存放在埃洛伊丝阿姨那里呢？有三个原因：①你不能肯定那里的存储条件一直都是理想的。②阿姨可能会忘记这瓶酒是你的而把它喝了。③如果你在她外出的时候需要你的酒该怎么办？最好还是自己想办法解决吧。

存放在葡萄酒商店里

有些酒行为顾客提供专业的葡萄酒存储有偿服务。如果你打算一直从某个特定的商家那里订货的话，这样做是可行的，但如果你决定选择从其他的店铺买酒就会有点尴尬了。而且，如果你需要在商店关闭的非营业时间取酒会很不方便。

遵循专业

大多数大城市都具有专业的葡萄酒存储服务，你可以通过付费把你的葡萄酒保存在一个安全、潮湿、温度可控的装置里。最好的机构是随时营业的，允许 24 小时安全存取，还有每月会员聚会，非常棒！

陈年葡萄酒酒瓶中的空距

理论上说，带有软木塞的葡萄酒是密封的；而实际上，软木塞多少都带有气孔，从而造成葡萄酒每年都有微量的酒液蒸发。随着时间的推移，老年份葡萄酒（即使在最好的存储环境里保存）都会有液量减少。老年份葡萄酒在拍卖或上市需要估价时，专家会测量瓶里的液面高度或空距。在年轻的葡萄酒里，空距应该在瓶颈位置；如果在老年份葡萄酒里，空距的位置在瓶肩中部或更低，那就要怀疑软木塞的功能是否退化了，酒的价格也会降低。

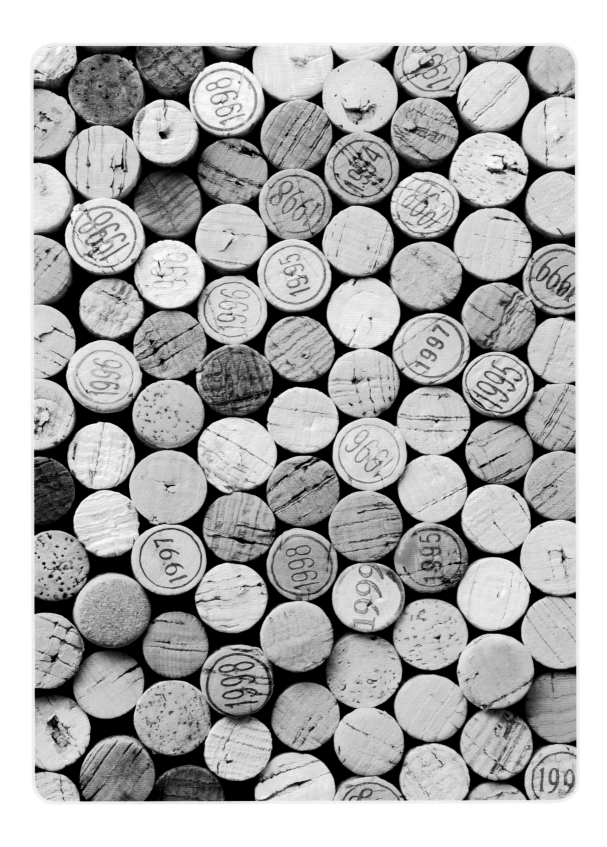

寻找合适的空间

如果你并不是正好居住在地铁沿线、摇摆的船舱或桑拿间，你家里也许有能存放一两箱酒的好地方：凉爽、黑暗的壁橱后面，或者楼梯下面的狭窄空间。一定要把酒放倒存储，除非是需要垂直放置的香槟酒或马德拉酒。

打造安全的地方

如果你有多余的房间或在凉爽的地下室有一个空角落，或者如果你考虑建一个酒窖，都需要采取些措施保证葡萄酒的安全。在门上加把锁的主意不错，尤其是周围有青少年的时候。

葡萄酒冷却机

我已经解释过了，冰箱太干燥了。那么那些特殊的葡萄酒冷却机呢？购买一台带有加湿和温控功能的高端机器是值得的。但一定不要买那种低端的"饮料冷冻机"，这种机器用来冰冻葡萄酒还不错，但如果长期存放就会使软木塞干透。

货架

如果你考虑在酒窖里安装货架，那就选择一种足够灵活、大小酒瓶都能放得下的设计，不要那种小方口而要选择大 X 形口或钻石形口的，而且一定要保证货架可以固定在墙上不会倾倒。

打印分类还是贴标签

祝贺你：你的酒窖建好了！那么现在，你是否打算收集几千瓶酒去转卖或拍卖？如果不是就别在葡萄酒目录软件上浪费时间了，在网上的葡萄酒专业商店找找简单的单瓶标签，你可以用一种非凡的工具在这些标签上标记，那就是钢笔。

温度控制

如果你生活在温暖的地区或者想转售葡萄酒，那就应该购买一种专业的、可编程酒窖冷却系统。它应该包括一个蒸发装置，用来保证高湿度的需求。标准家用空调的制冷功能会使空气干燥，而且你要确保在你外出时葡萄酒仍待在凉爽的环境里。

· 开瓶和醒酒

　　既然你已经买了那个漂亮的滗酒器，那就使用它吧。我请吉拉德·巴塞特——英国特拉维纳酒店老板、世界上第一个获得葡萄酒硕士学位和品酒师大师荣誉的人（他还在 2010 年荣获"世界最佳品酒师"称号）提一些关于开瓶和醒酒的建议。

为大部分红葡萄酒醒酒

　　"我为大部分的红葡萄酒醒酒，除非它是非常老的酒，我担心给它太多的空气会损害它。"巴塞特说，"但一瓶 2 年、3 年或 15 年的葡萄酒呢？为它醒酒可以保证你不会喝到任何沉淀物，一点儿空气不会有任何坏处。"

为醒酒计时

　　对于大多数的白酒和非常老的红酒，在侍酒前将它们移瓶就可以了。包括年份波特酒在内的诸多红葡萄酒，经历 1~2 小时的醒酒是非常有益的。如果你要在傍晚准备一场晚宴，大约在中饭时间就可以把浓稠的巴罗洛酒和巴巴莱斯科酒倒出来了，尤其当它们小于 20 岁的话。

准备和开酒

水平存放的老年份酒应该垂直放置至少 24 小时，让沉淀物落到瓶底。然后依照巴塞特的建议，将它们斜放在红酒架里："使酒瓶尽可能在水平状态完全放进篮子里，尽量少移动酒瓶。"

如果你使用的是侍应生开瓶器，打开锯齿形刀刃，在酒瓶的第二边缘（这个位置上有一圈突起）划一圈，行家通常不把瓶封全部撕掉，而是灵巧地仅撕掉顶上的一部分。扭转开瓶器使螺纹体

钻入木塞，并用金属手把将木塞从瓶里撬出来。如果你用的是带铰链的开瓶器，要先将杆上中间的卡口卡在瓶口上把软木塞拔出一点儿，再将下面的卡口卡在瓶口，最后轻轻地把软木塞拔出来。

点燃一支蜡烛，滗酒

"把瓶子从红酒架里拿出来，并尽可能保持水平，在一支点燃的蜡烛或一盏小灯前面（以便你能看到沉淀物）把酒一次倒完。"巴塞特说。当看到沉淀物靠近瓶颈位置的时候就停止倒酒。这种方法也适用于去除非常细小的烟熏味沉淀物。如果这种沉淀物进入杯子，味道会很苦。

打开一瓶香槟

用手指剥去酒瓶上部的箔纸，大拇指放在软木塞顶部，拧松钢丝笼扣。大拇指保持在软木塞的上面，去掉钢丝笼。软木塞"砰"的一声爆炸式的开启方式可是浪费葡萄酒的好办法。将木塞稍微向下压着一点慢慢扭转，试着安静地把它取出来，或只发出微弱的"嘶嘶声"，就像一位侍酒师曾经向我描述的"气体安静地溢出"的状态一样。

不可缺少的毛巾

侍酒师们称它们为餐巾，我叫它们茶餐巾，无论什么名称，它们对于侍酒都至关重要。在酒瓶下面铺条毛巾可以避免刮伤或玷污厨房的大理石台面。在开香槟的时候手上要一直留一条毛巾防止酒液喷射出来。去掉钢丝笼后用你的毛巾擦拭软木塞顶部，然后在取掉软木塞后再轻轻地擦拭瓶口。如果你倒酒水平马马虎虎的话（除了侍酒师，谁不是呢？），还可以用它擦去瓶身和客人酒杯杯脚上的酒滴。

白葡萄酒也可以醒酒

醒酒是清淡型白葡萄酒的保险措施。如果它们有硫臭味，只要提前打开醒酒，这种味道就应该会被"吹散"。氧化法酿造的白葡萄酒，如勃艮第酒，会在醒酒器里绽放开来。你甚至可以为香槟酒醒酒！

快速的另类醒酒

没有时间和耐心醒酒？只要在客人到来前半个小时把酒倒好就行了。每一杯酒都将因与氧气接触而变得更好，剩下的半瓶酒也获得了呼吸的时间。"如果是一瓶新酒，而且你也知道没有沉淀物，那就更不用紧张了。"巴塞特说。

额外的信誉：二次醒酒

如果你想在这方面更为职业化，你可以将沉淀物从酒瓶里冲洗出去，把酒瓶烘干，然后将醒好的葡萄酒再倒回瓶里以供展示之用，特别是如果你有一瓶或几瓶特别的酒，这种方法可以保证你不会把酒弄混。但我从没有在家里这样做过，我太急于品尝这样的酒了。

倒酒

"倒满"在这里可真是个错误的动词，因为你应该只倒到酒杯最宽的地方使酒获得最大的氧气接触面积。"如果你已经倒了酒杯的 1/3 或 1/4，葡萄酒就会迅速绽放。"巴塞特说。

·作个备忘录

　　无论你是要举办葡萄酒晚宴还是盲品会，最糟糕的就是到关键时刻才意识到自己忘记了某些东西。对于我而言，葡萄酒品酒会没有纸巾就和泳池派对没有毛巾一样。我脑海中有一个每次招待客人时的准备清单。

温度

　　在你计划开酒前几小时，根据酒的类型确保它们冷却或回暖到合适的温度。（如果你向后翻几页，你就会发现一个便利的指南，列举了每一类酒侍酒的合适温度。）

高脚杯

　　如果你的宴会包括一瓶纯朴的瓦尔波利塞拉葡萄酒和比萨饼，你的客人可以使用水杯喝葡萄酒。但如果你提供的是一大瓶香槟酒，那就要为每个人提供正确的细长香槟杯或葡萄酒小玻璃杯。我们已经知道使用合适的酒杯是非常重要的。

水杯

为避免你的客人第二天会头痛，最好的办法就是让他们在喝葡萄酒的时候有水可以饮用。事先在每个杯子里放两三块冰并装满水，到他们坐下来用餐时温度刚刚好。

纸杯和纸袋

如果你计划办一个正式的盲品酒会，向当地的葡萄酒商要一些和一瓶酒尺寸一样大的纸袋，把酒藏进这些袋子里。（或者，简单地用纸或箔纸把酒瓶包起来。）还要为每位客人提供一次性纸质"吐酒杯"。

水桶

在派对上要将香槟酒放在冰桶里保持冰却（在酒瓶下面放一条毛巾，以免水弄得到处都是）；或者如果你们计划品尝好几瓶酒的话，准备一个旧冰桶当作"垃圾桶"。客人可以把吐酒杯里的酒，或者在品尝其他酒时把原来喝了一半的酒倒在这里。

半瓶装

下次如果看见一瓶 375 毫升的酒，就把它买下来喝掉，留着酒瓶。等再出现一瓶酒没喝完的情况时就把它们倒入这只半瓶装的酒瓶里，并重新塞上软木塞放在冰箱里存储。低温和较少的氧气接触将有助于保持葡萄酒味道新鲜。

餐巾纸

这是很有必要和基本的东西，但却经常缺席。即使你在筹备一个不包括食物的葡萄酒品酒会，纸巾也是必不可少的。对此你也许难以认同，但看着吧：在你品尝或吐酒的时候肯定会被酒溅到的。

成功的穿着

葡萄酒专业人员知道选择穿暗色、最好是黑色的衣服，因为这样不容易看出有酒渍。我们喜欢涤纶和黏胶混纺的面料，它们比棉布更能有效地防止酒斑的形成。［女士们，我送你们三个字：Diane von Fürstenberg（服装品牌 DVF）。］

白色的桌布

我知道我提醒过你有关酒渍的事情，但我必须承认我为品酒会准备的是白色（棉）的锦缎桌布，因为它对于评估一款葡萄酒的颜色来说是最好的背景。是的，它上面有一些淡淡的污迹，但我会用杯子、酒瓶、吐酒桶和其他东西遮住。

记事本和钢笔

如果你举办的是一场正式的品酒会，那就要为你的客人提供书写用具，以便之后你们每个人都可以讨论自己对某些酒的印象。如果你准备了很多瓶酒，而客人随意走动，很容易就会把各个酒混淆了。

肉、奶酪、面包

干奶酪片、生牛肉片或杏仁都是品酒会上的理想食物，因为这些食物里的蛋白质会分解掉酒里黏附的单宁。普通的面包片或苏打饼干也能够使口感平衡。比起白水来，我更喜欢苏打水那种净化的感觉。

清洗葡萄酒酒渍

我试过很多日常用品，发现了对付酒渍最好的解决办法。①不同的面料要用不同的清洗剂。②在使用清洁剂之前，一定要在面料下面垫一张面巾纸或一条毛巾。清洗羊毛混纺和真丝领带可以在上面轻拍过氧化氢或外用酒精（必要时，用伏特加或金酒）；棉布制品可以用滚烫的牛奶或盐。（之后，你可以在上面喷预洗除污渍剂然后再用温水清洗。）对于座套，用小苏打和水（3∶1）调成的糊涂抹在上面，等干后轻轻擦掉。

· 侍酒温度

　　如果你有一只饮料冷却机，就把它调到酒适合的温度。如果你没有也别担心，你并不需要在每瓶酒里放一个温度计。记住这些数字：室温 20~23℃；标准的冰箱温度是 1.5~4.5℃。酒窖的温度是……好吧，这取决于你的酒窖，比方说是 13~16℃。

合适的温度

清爽的白葡萄酒

　　人们经常在夏天饮用这种类型的酒，温暖的天气使它迅速升温，从而削弱了其爽脆的口感并将那些清爽的矿物质味和柑橘的芳香变得不适口。

活泼芳香的白葡萄酒

　　这些葡萄酒里的花果香在稍稍回暖后便会散发出来。如果你在侍酒时把它们从冰箱取出来放在柜台上，它们便会展现出多层次的芳香。

浓郁醇厚的白葡萄酒

　　这些热忱的白葡萄酒应该在冰凉但不冰冻的时候上桌。如果它们回暖过快，酒精味便会非常明显；但如果太冰的话，这种木桶陈酿的白酒的味道则会有些苦。所以理想的侍酒时节应该是在凉爽的秋季。

| 🌡 4.5 ~ 7℃ | 🌡 7 ~ 10℃ | 🌡 10 ~ 13℃ |

紧急冷却

糟糕！现在要开启那瓶密思卡岱酒了，可你却忘记将它冰藏了。怎么办？如果你有一个冰桶或宽深的大碗，就在里面装一半冰块，一半冰水，然后将酒瓶丢进去，它会在 20 分钟内冷却下来。或者把酒瓶在冰箱冷冻层放 10 分钟也可以。如果你在开一个派对，需要冷却好几瓶酒，而冰箱又是满的，这时可以在户外设置一个服务台——假如天气很冷的话；或者买一些瓦楞金属箱，并在里面备些冰块也行。还有一个小窍门：在你的浴缸里装满冰块来冰冻你的酒瓶。

甘甜的白葡萄酒

甜白酒温度太高的话味道会像糖精一样甜。但是一款精美的餐后甜酒如果在冰冻时饮用却又享受不到完整的香味。所以，用你的手掌为酒加热，使它华丽的芳香彻底释放出来。

10 ~ 13℃

起泡酒

一杯冰普罗塞克酒也许非常清新，但没有比加冰香槟更喜庆的酒了。如果你让起泡酒在杯子里暖和几分钟，就能享受更多的酒香。

6 ~ 9℃

桃红酒

和清爽的白葡萄酒一样，桃红酒最经常在夏天或地中海气候地区被享用。先将它们冷却，待它们自然回暖后将散发出更多的草莓及核果的芬芳。

8 ~ 11℃

合适的温度

清淡而清新的红葡萄酒

　　清淡的红葡萄酒的侍酒温度最容易犯错。这种酒在适当的低温下，其微妙的矿物质味非常突出；回暖后释放出微微果香和难对付的单宁。

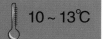

结构紧致的中等酒体红葡萄酒

　　是的，这种酒的合适温度仍然在冰冷的范围里。如果你尝过地下酒窖里的酒，你应该已经注意到了那些不同的结构成分（矿物质、香料、酸度和单宁）是多么优雅地结合在一起的。所以，这些酒需要稍微冷却一下。

浓郁醇厚的红葡萄酒

　　即使是最浓郁的红葡萄酒，冷却也是有好处的。在它们回暖的过程中，跟踪其风韵的演变是一件很快乐的事情。那柔软的口感！那丰裕的果香味！如果你追随这些因素在杯子里的进化过程将会获得更多的享受。

菲诺雪利酒和干型马德拉酒

这种葡萄酒极轻的口感在回暖后就会瓦解，极干的加烈酒没有果香味，只有强烈的海水咸味。所以像对待生蚝一样把它们放在冰上。

茶色波特酒和甜雪利酒

和餐后甜酒一样，这种比较甜的加强酒要在冷凉时上桌，饮用时用你的手为它加温，感受其逐渐演变的芳香：从雪茄盒到肉桂棒，再到枫糖。

甜马德拉酒和年份波特酒

这些葡萄酒在太冰时饮用会错过其巴洛克风格的香料味和馥郁的果香味；但微温时满口的甜度和酒精味道并不具有吸引力。所以将这些酒稍微冷却一下，它们就会像抛光的黄铜器一样美妙。

6~8℃

12~16℃

17~20℃

四、简化的葡萄酒世界

· 葡萄酒酿制的生力军

  我们都把酿制葡萄酒的过程浪漫化了。实际上，这可是个辛苦的活。收获季节是一系列的采摘、挑选和果实处理，后面紧接着是不眠不休地守着渗流式发酵器。一年里的其余时间都是在分离、过滤、品尝、混合、评估实验室样品、装瓶、分类、大量的填写和文书工作、做酒窖导游、清洗、冲刷和更多的清洗中度过的。然后真正艰苦的工作来了：一旦做好了葡萄酒，就得把它们卖出去。

  葡萄种植者是脑力劳动者，他们所感兴趣的是地质和园艺这些学科。在葡萄酒工艺学学校里，没有人教他们如何讨商人、饭店老板、批发商、进口商和消费者的欢心。但在隐匿了几个月后，这些用双手摆弄葡萄的和气的酿酒师们，便迅速具备了这个非凡的本领。因为不管你觉得自己的葡萄酒有多优雅，还有成千上万的其他味道顶好的葡萄酒。因此，酿酒师冬天的时间都用在了推销上，可能产生的副作用有：体重增加、思乡病及对抗酸剂上瘾。

  如果你仍然想买下一座葡萄园并投产自己的酒厂的话，那就在药品柜里准备好抗焦虑、抗抑郁和防止失眠的药品吧。尽管世界各地的房地产价格都已经下跌，但加入这个职业的成本比任何时候都高。由于葡萄酒需求的增长及葡萄酒国家旅游业的发展，土地资源非常珍贵，这意味着一旦你买下了一座葡萄园，获利的压力就会非常大。别试图向财务人员解释葡萄种植的经济状况：疏果，让整串完好的葡萄掉到地上变枯萎，这看起来纯属精神失常的愚蠢行为，但每株葡萄树的产量越低，葡萄的质量就越好。而质量就是一切。

  如今，积极进取的葡萄酒商不必再从购买房地产开始进入这个行业（他们是幸运的工业成功者的后代）。从一个小酒商开始是最容易的，从其他生产商那里购买葡萄和成桶的葡萄酒并生产定制的混合酒。接下来是签署一些葡萄园专属合同，从另外的酒厂借用或租用场地和设备（也许就是他们日常工作的地方）在晚上或周末作业。

  听上去感觉让人筋疲力尽，是不是？但是去世界上任何地方的葡萄酒国家参观，你都会发现数量惊人的年轻面孔。他们是新生代的理想主义者，宁愿选择做酒窖基层人员，而不愿过激烈竞争的生活。他们穿着威灵顿长筒靴，在雨中穿行在葡萄行间泥泞的土地上，用冰冷的钳子修理葡萄棚架网格。他们戴着厚厚的橡胶手套，用力拉桶推送葡萄汁，移动沉重的软管。他们的眼睛四周有黑眼圈，手臂疼痛，在阴湿的酒窖里呼吸着水蒸气。夜晚，这些人聚在一起喝啤酒。他们可不是因为感到痛苦而同病相怜，而是在热烈激动地谈论他们所尝过的最美好的葡萄酒，以及如何能在某一天酿造出和他们自己一样卓越的酒来。

  如果你已经读过了这本书"大师班"和"趋势如何？"的部分，你可能已经了解了一些葡萄树种植技术和葡萄酒酿造技巧。现在是把每块拼图拼起来着眼于整体的时候了。让我们从工人的视角来看待葡萄种植和葡萄酒酿制，是他们将谦虚的土地变成了装在瓶子里的诗歌。

右图：虽然每年的收获季节充满了欢快和浪漫，葡萄采摘仍然是很辛苦的工作。

· 葡萄园的一年

　　大部分农作物都生长在平原肥沃、柔软、潮湿的土壤里，而葡萄树却在陡峭的山坡和贫瘠的石质土壤中繁荣茂盛。因为葡萄树之间的生存竞争越激烈，葡萄以及最终酿成的葡萄酒就会具有越复杂的风味。因此，葡萄种植者们每一个月都有工作要做，来维持葡萄树之间的优劣平衡。

冬季

初冬　遇见风雪

　　在大陆性气候产区，覆盖着葡萄园的降雪充当着毛毯的作用，保护葡萄树不受自然环境的侵害。在温带气候下，夏末种植在葡萄树之间或底下的覆盖作物此时正处于旺盛生长时期，尽可能地减少了暴风雨期间的水土流失。

冬天　保养维护

　　严冬时节，葡萄树正在休眠。葡萄种植者利用生长季节的这个间歇修理葡萄园的基础设施。他们在冰冷的温度下劳作，清除灌木丛、修复棚架网格和篱笆桩。

深冬　枝蔓修剪

　　到了为葡萄树剪枝的时候了，只要为下一个种植季节留下一两条健康的藤条就可以了。剪枝促使每株植物集中力量进行果实发育而不再进行营养生长（叶和茎），这样的操作会持续一整年。

春季

早春　早期生长

　　每一根藤条上的芽都裂开了，长出小小的玫瑰形原生茎、叶和像花瓣一样层状的丛簇。霜冻、冰雹、雨水、风暴或降雪都可能摧毁这些柔弱的小芽，所以葡萄园管理者需要关注天气情况。

春天　持续发芽

　　小芽很快就伸展出嫩绿的枝条，被初生的花簇和嫩叶装点着。葡萄种植者会检查叶子背面有没有霉菌，如果看到了白点或黑色的病灶就要喷洒像硫这样的杀真菌剂。

晚春　修整复新

　　这个时期，要种植新葡萄树，重新配置棚架系统，或改变原有的根茎种植不同的葡萄。为了将新品种嫁接到现存的根茎上去，工人们会剪掉原有枝干，插上健康的新藤条。

"我们是以完全自然的方式耕种的。"葡萄种植者谦虚地说。"葡萄都是自己生长的。"任其自便，葡萄从种子开始生长并爬到树干上。听起来很轻松，但这并不是事实。

夏季

初夏　开花

葡萄种植者这一天会在日历上做标记，葡萄树今天开花了，是一种带有香甜气息的纤弱的白色小花。从这天算起大约再过三个月，就准备收获果实了。

盛夏　坐果 & 树型管理

由于授粉的神奇作用，花朵现在变成了小小的、坚硬的、绿色的酸浆果。如果担心它们得不到足够的阳光和通风，葡萄园的工人们就会选择性地剪掉叶子，让葡萄串露出来。

夏天　打薄

农场工人通过剪断并丢弃葡萄枝以减少产量，使留下来的葡萄更快成熟，并具有更复杂的风味，同时减少腐烂传播的风险。

秋季

秋天　为收获做准备

当鸟类、啮齿动物和其他害虫贪婪地盯着正在成熟的果实时，葡萄种植者会用网捕捉它们来保护葡萄。天气潮湿时，他们还要保护葡萄树不发生霉变和腐烂。

秋天　丰收

终于，到采摘的时候了。工人们迅速而小心地来到每一行葡萄树下，剪下葡萄串，装进篮子或桶里，然后倒进将被运送到葡萄酒厂的箱子里。

晚秋　落幕

光合作用结束了。嫩绿的葡萄枝现在变成了木头藤条；叶子转黄并落到地上。葡萄种植者们利用杂物和酿酒剩下的废料制作堆肥，为下一个种植季节做准备。

· 红葡萄酒的酿制

葡萄酒酿造就像一个复杂的流程图：收获和发酵期间的每一个小小的决策都决定了随之而来的选择和成果。这里有一个图解示意，帮助你了解红葡萄在从收割箱到酒瓶的旅程中通常所经历的步骤。一旦你熟悉了这些标准步骤，你就会开始喜欢探索那些以不同方式酿制的葡萄酒了。

1. 挑选

一箱子刚摘的葡萄被倾倒在料斗里，然后被轻缓移置选到分拣台上。酒窖工人站在传送带旁挑选葡萄串，挑出杂物（叶子、细枝、虫子）和腐烂或干瘪的葡萄串丢弃掉。

2. 压碎

去梗机将单个葡萄与梗分离（一些酿酒师再返回分拣台，进行二次果实挑选），然后用压碎机在保证苦涩的葡萄籽不破碎的情况下轻轻地压碎葡萄。

3. 冷浸

果汁在冷凉状态下（或常温）在罐中浸皮，吸收葡萄皮里的颜色和单宁。然后将葡萄的温度提升，酿酒师加入酵母或等待野生酵母自然启动发酵过程。

酒窖里的小偷

这会让人想到酒窖里戴着面具偷偷摸摸的无赖，但其实"酒窖里的小偷"指的是普通的玻璃移液管。酿酒师拿掉木桶塞子，将移液管伸到未成熟的酒中取酒样。酿酒师计算酒样里的酒精百分比确定是否需要澄清或过滤，权衡混酿的可能性，并决定何时装瓶。如果你参加过桶边试饮，就应该尝过木桶里还未酿熟的酒样。你喜欢吗？

5. 二次发酵

接下来是二次发酵或苹果乳酸发酵，这个过程能把青涩的苹果酸转化成柔和的乳酸。如果该过程没能自然发生，酿酒师们会向液体里加入细菌来启动这个过程。

4. 发酵

在这个过程中，工人采用泵送循环法或用活塞类的装置不停地把漂浮到液面的葡萄皮冲压下去。当发酵完成后，酿酒师排出发酵罐里的果汁，并压榨剩下的葡萄皮以提取最后的几滴果汁。

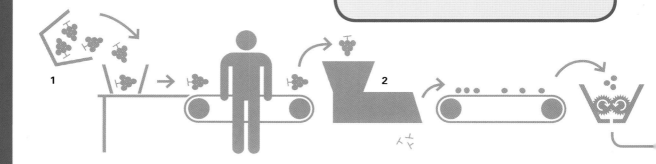

6. 分离

排出发酵罐的果汁时（或把葡萄酒从一个桶移到另一个桶时），葡萄酒商必须留下乳白色的酒渣。多次分离可以使葡萄酒干净而不含沉淀物，而接触氧气则有助于葡萄酒成熟。

11. 上市

现在新收获的葡萄应该被装入木桶发酵了，可是酒窖里的空间却越来越小了。许多酒厂都会在深秋时节向市场供应新酿的酒以腾出存储空间。

7. 木桶陈年

果汁要在木桶里待上几个月甚至几年，这赋予了葡萄酒柔和的质地、柔顺的单宁和富有层次的味道。这些木桶一般水平存放在货架上，而且经常堆得特别高。

10. 贴标签 + 密封

酒瓶的密封方法各有不同：软木塞（天然塞、填充塞或复合塞），顶部再加上箔纸或蜡质盖帽；铝制螺丝帽；或玻璃瓶塞。酒标上的文字和图画要经过地区和联邦当局的批准。

8. 加满 & 混酿

酒窖工人定期加满那些因为透过木桶蒸发而导致液量减少的葡萄酒桶，以尽量减少葡萄酒与空气的接触。酿酒商通过品尝木桶中的酒来决定哪些酒应该以多大的比例混合在一起。

9. 装瓶

现在该装瓶了。在一些葡萄酒产区，移动式装瓶作业线和所有的必要设备都被装在拖车或大卡车上，从一个酒厂运到另一个酒厂。酿酒商在装瓶时会加入少量的硫以防止酒变质。

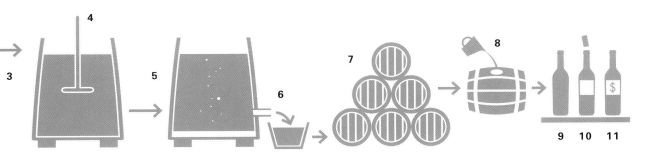

· 白葡萄酒的酿制

　　红葡萄酒果汁懒洋洋地沉迷在橡木桶里，缓慢地吸收葡萄皮里的颜色和单宁。而大多数白葡萄在采摘后立刻就将皮分离，然后被装入密封罐里，在酿酒师无微不至的照料下，发生快速的转变，获得新鲜、清爽的口味。谁具有葡萄酒王国里的 A 型个性？专门酿造白葡萄酒的酿酒师。

1. 冷却 + 挑选

　　刚采摘的葡萄会被放到冷藏室里冷却至 13℃，以阻止微生物活性并保持新鲜的口味。酒窖工人挑选葡萄串，将杂物、虫子和发霉或腐烂的葡萄丢弃掉。

2. 去梗 + 榨汁

　　酿酒师调整压碎 – 去梗机，使它在给葡萄去梗的同时不压碎葡萄。去过梗的葡萄掉进榨汁机里。如今普遍应用的气动式榨汁机里的柔性气囊把葡萄挤压到大滤网上，使果汁流出，而葡萄皮被留在里面。

3. 沉淀 + 澄清

　　从榨汁机流出的果汁像苹果汁一样浑浊。在葡萄汁里漂浮的微粒物质会导致葡萄酒具有辛辣的口味，所以葡萄酒商将它们沉淀，并从原初酒糟里榨出葡萄酒进行澄清。

5. 测试和调整

　　现在需要做一个快速的检查，测定葡萄酒的白利糖度、总酸度和 pH。如果哪一项有欠缺就要趁现在调整。一些酿酒师会在这个阶段加入酵素来防止褐变，阻止苹果乳酸发酵，或增强口感。

4. 下胶

　　葡萄酒商通过加入固体物质如膨土岩（黏土）或明胶，以进一步澄清葡萄酒，并防止褐变，去除苦味，以及保证发酵期间的热量稳定。

为什么在使用葡萄酒榨汁机时一定要用味蕾来判断

　　当葡萄进入榨汁机的时候，就开始向下面的罐里渗漏自流汁。当气囊开始挤压果肉的时候，更浓的榨汁就流出来了。在榨汁快要结束的时候，气囊会挤压结成块状的葡萄皮和葡萄籽以得到最后的一些果汁，果汁会变得越来越苦。为了使这种苦涩降到最低程度，酿酒师轻而缓慢地操作榨汁机并不时品尝榨出来的汁液，直到味蕾告诉他要停止榨汁了。

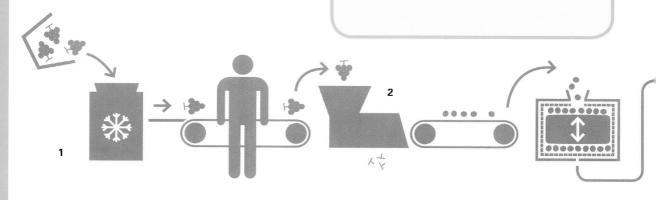

6. 发酵

　　酿酒师在木桶或不锈钢罐中加入人工培育的酵母，或等待本土（"自然"或"野生"）酵母启动果汁发酵。酒窖工人必须经常搅动发酵汁，使酵母在整个液体中移动，在这个过程中会散发出讨厌的气体和气味。果味、半干的葡萄酒在凉爽的罐中发酵，然后进一步冷却以终止发酵并保留糖度。

11. 上市

　　装瓶、密封和贴上标签后，白葡萄酒通常在春天上市。这既节省了酒窖空间，又赚取了现金用来支付在葡萄树种植和酿酒的夏秋季节所有的花费。

7. 酒泥发酵或非酒泥发酵

　　含有酵母颗粒或"细酒渣"的发酵葡萄酒很浑浊，这些酒渣落在桶或箱的底部。如果允许保留一些或全部这种沉淀物的话，它会使酒具有一种乳质的质地，酿酒师可以通过搅动酒泥来增强这种质地（搅桶）。

10. 冷却稳定法

　　酿酒商经常将葡萄酒冷却到几乎结冰的程度，以去除落在罐底的晶体（酒石）。如果酒厂没有采取冷却稳定，那它就会发生在你的冰箱里，你会在葡萄酒杯里发现微小的晶体。这些东西是完全无害的，不要误解成玻璃碎片。

8. 跳过苹果乳酸

　　为获得更新鲜的白葡萄酒，避免苹果乳酸菌发酵引致的这种乳质、黄油样效果，葡萄酒商会将发酵罐冷却，加入一种酵素和（或）二氧化硫来抑制这个过程，并使葡萄酒与酒泥分离。

9. 过滤

　　为了澄清和获得稳定度，白葡萄酒一般都要经过过滤。最细的过滤器可以去除细菌和酵母，这样可以防止酒中出现多种可能的"缺陷"。

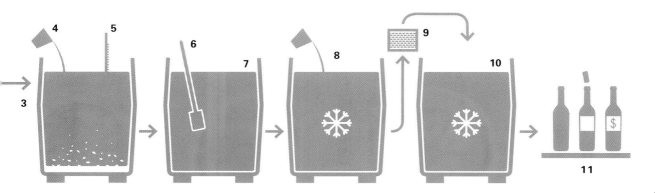

· 起泡酒的酿制

酿造静止葡萄酒就够有挑战性的了。但在每个单独的葡萄瓶里引发第二次发酵周期让酵母表演马戏团戏法，这才是一项壮举呢。但你如果是接过一杯香槟酒便露出会心的微笑的那类人的话，所有额外的努力就都是值得的。

1. 早收

静止葡萄酒是用成熟葡萄酿造的，起泡酒却最好用低糖高酸的葡萄酿制。所以葡萄收获时间较早，而且只能手工（而不是机器）采摘，因为任何开裂的葡萄皮都会使葡萄酒染色。

2. 多座葡萄园

大品牌的香槟酒庄所用的葡萄来自整个香槟区许多不同的葡萄园。葡萄酒商尽可能在酒厂里将它们分开摆放，以便之后需要将酒混合的时候更加灵活。

3. 榨汁

为减少与氧气的接触，葡萄不用去梗。刚采收的葡萄串立刻被丢进榨汁机进行压榨使果汁与皮分离，保证葡萄汁不被染色。这样的话，像黑品乐或莫尼耶品乐这样的红葡萄也可以用来酿造白起泡酒。

6. 加糖和酵母、瓶内陈年

混合的葡萄酒与一种称为再发酵液的糖和酵母的混合液一起装瓶，然后加上金属瓶盖（与啤酒瓶瓶盖相似），水平放置在凉爽黑暗的地窖里进行瓶内陈年。对于非年份酒要至少陈年16个月，对于年份酒则需要36个月。

5. 调和

大部分香槟酒都是具有独特风格的非年份酒，且每年的风格都大同小异。为了保持这种一致性，酿酒师将大量来自各个葡萄园的不同的静止葡萄酒与前一次酿造的酒相混合。年份香槟里的酒都来自同一个年份。

4. 首次发酵

新鲜的葡萄汁在不锈钢缸里（有时是在大橡木桶里）沉淀并被澄清。接着，大多数生产商会往里面加入商业酵母来启动发酵，酿造出静止白葡萄酒。

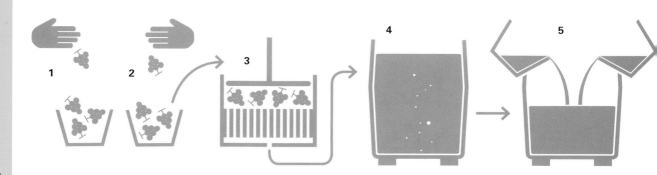

7. 二次发酵

加了糖和酵母的葡萄酒再次发酵，这一次发生在瓶内。这个过程中释放出来的二氧化碳被封存在瓶中，实际上就是使酒充满了二氧化碳气体从而可以起泡。

查马法二次发酵葡萄酒的魅力

这是酿造起泡酒的传统方法的概要。即使你有像 gyropalettes 大型转瓶机这样的设备辅助加快进度，这依旧是一个缓慢的劳动密集型过程。对于较清淡、较新鲜的起泡酒，如意大利普罗塞克酒，会使用这种查马法二次发酵。对于香槟酒，二次发酵发生在瓶内。而对于弗留利酒，二次发酵发生在经过冷却和加压的大缸里。虽然查马法二次发酵葡萄酒的气泡也许没有瓶内发酵的香槟酒那样华丽壮观，它们也还是有自己的魅力，而且也更便宜。

8. 酒泥发酵

酵母也被封存在瓶里，它腐烂（自我分解）形成的酒渣赋予了葡萄酒乳脂的质地和独特的酵母香气。由于这个过程发生在密封的瓶内，而且经过了如此长的时间，因此陈年的效果异常显著。

11. 密封

在装瓶作业线上，压缩的软木塞被塞入到瓶颈的中间。软木塞的顶部超过瓶口，被压扁成蘑菇形状，用钢丝笼套住，最后用铝箔收缩帽覆盖在顶部。

9. 转瓶

被称为 *rémueurs* 的酒窖工人（或称为 gyropalettes 的机器）每天缓慢地旋转酒瓶，使酵母聚集在瓶颈位置。当瓶被颠倒过来的时候，瓶颈就充满了白色的酵母沉淀物。

10. 除渣 + 甜味

酒窖工人将瓶颈插入冰冷的盐水中，然后打开瓶盖，酵母"冰塞"就会蹦出来。用最终调味液（*liqueur d' expédition*）将瓶子加满。Dosage 指的是香槟成酒的甜味。其范围从天然干（natural，不加糖）开始，有超级干（extra brut），极干（brut），超干（extra dry），干（sec），半干（demi-sec）和甜（doux）。

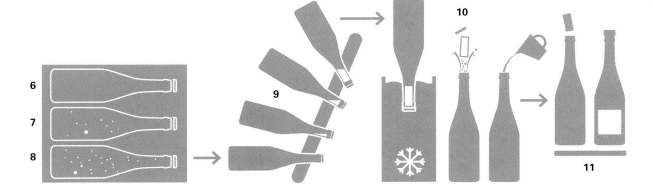

· 加强酒的酿制

把你知道的每一样有关酿酒学的东西都扔到窗户外面去吧：这就是酿造世界上最颓废的饮品——加强酒的方法。不同年份的混合、疯长的酵母菌落、氧化甚至加热都是加强酒酿酒师工具包的一部分。成酒中馥郁的香气和味道，令人回味无穷、浮想联翩。

1. 雪利酒葡萄采收

在西班牙西南部的安达鲁西亚，佩德罗－希梅内斯葡萄采收后被摆在太阳下晒干；而帕罗米诺葡萄在采收后会被立即榨汁。葡萄汁经过沉淀和澄清后酿酒师对它进行酸度调节。

2. 发酵

在大木桶（大酒桶）或（现在更常见的）不锈钢罐里的发酵，允许在热的环境中进行；热量和发酵氧气开始构造雪利酒独特的香气和风味。好的葡萄园里较细腻的自流汁的酒精浓度会被提高到15.5%，而次要的葡萄园里更粗糙的压榨汁酒精浓度会被提高到18%。

3. 生物法陈年的菲诺／曼赞尼拉酒

注定会成为菲诺酒［或桑卢卡尔－德巴拉梅达（Salúcar de Barrameda）曼赞尼拉酒］的较细腻的自流汁被存储在带有一点气腔的大木桶里，在理想的温度下会生成酒花——浮在葡萄酒表面的一层白色酵母，它在赋予酒独特的香气和味道的同时，也保护葡萄酒不被进一步氧化。

4. 氧化法陈年的欧罗索酒

在高酸的压榨汁里是无法生成酒花酵母的；它们也在大桶里陈年，由于被氧化变成了可乐色的欧罗索酒。由晾干的佩德罗－希梅内斯葡萄酿造的甜酒就是枫糖糖浆似的PX雪利酒；欧罗索酒与PX雪利酒混合后甜味增加，就是商业广告里的"阿蒙提那多酒（Amontillado）"、甜欧罗索酒或奶油雪利酒。

5. 索罗拉陈年／部分混合

索罗拉是一种木桶陈年系统，其中不同年份的酒被混合在一起来保证该类型酒的一致性。在索罗拉系统中陈酿多年、失去了酒花的菲诺就是"真正"的阿蒙提那多酒；如果它在更早的时候失去了酒花，则演变为帕罗－科尔达多（Palo Cortado），风格介于阿蒙提那多酒和欧罗索酒之间（商业市场中可能是这两种酒的混合）。

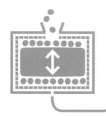
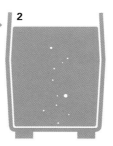
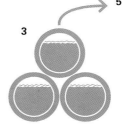
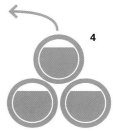

关于马德拉酒

不寻常葡萄酒的殊荣被颁给了马德拉酒。马德拉这个名字最初其实并不是来自欧洲：叫这个名字的热带葡萄牙岛屿其实是靠近非洲的。真正疯狂的是什么呢？这种酒在酿造过程中被有意地加热（*estufagem*）或更自然地通过日晒加热（*canteiro*）。最终酿造出甜葡萄酒，味道可口，具有咸味和坚果味，几乎可以无限陈年而不会因为接触氧气、移动或热量而变坏。所以出发吧：带上一瓶马德拉酒开始你一直渴望的撒哈拉沙漠摩托车之旅。

---

1. 波特酒葡萄压碎

为了既不压碎苦涩的葡萄籽，又能尽可能多地从葡萄皮里提取颜色和风味，工人们偶尔仍用脚在巨大的花岗岩或混凝土槽里踩葡萄。但如今更普遍的做法是用机器人踩压，或类似过滤器的封闭式自动泵送机器压榨葡萄。

2. 发酵、加烈

发酵在葡萄压碎期间发生。当酒精度达到 6% ~ 8% 时，果汁被转移到大桶里并加入 77% 的白兰地烈酒，这能够终止发酵过程并保持葡萄酒甜美的果香特征。

3. 缸内发酵

由于在缸内陈年，两三年后装瓶，宝石红波特酒获得了鲜明饱满的颜色和突出的果香味。更高质量的宝石红波特酒被称为优质宝石红酒或珍藏酒。这些酒都需要进行过滤以获得良好的稳定性。

4. 短期木桶陈年

波特酒在庄园里一直要待到春天，才被运送到下游波尔图对面加亚新域的仓库，装在称为 pipes 的木桶里陈年，这里氧气会与颜色淡化的葡萄酒发生反应。几年之后，一些酒会以茶色波特酒的名称装瓶。

5. 单一年份酒陈年

上市前要在木桶中陈放 4 ~ 6 年的单一年份酒是迟入瓶波特酒。如果要直接饮用或继续陈放 10 ~ 20 年，上市前在木桶里陈年 2 ~ 3 年的年份波特酒算是最好的年份酒里的顶级酒了。单一酒庄波特酒是好的年份酒，但不算是最棒的年份酒。

6. 长期木桶陈年

一些最好的茶色波特酒在索罗拉系统里陈年，根据木桶陈年时间的平均值标注酒标。其他的被作为单一年份葡萄酒。陈放很多年后，以标注年份日期的单一年份茶色波特酒（Colheita）装瓶。

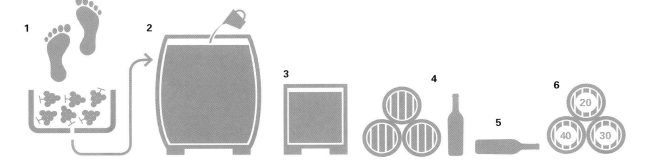

五、记住规则

·根据葡萄酒类型搭配食物

食物	清爽的白葡萄酒	活泼芳香的白葡萄酒	浓郁醇厚的白葡萄酒	甘甜的白葡萄酒
肉桂，番红花，红辣椒，小茴香，胡荽，丁香			●	
豆类，扁豆	●		●	
牛肉，鹿肉				
奶酪，奶油沙司		●	●	●
干辣椒		●	●	●
巧克力				●
饼干，小面包，蛋糕，蛋挞				●
鱼和海鲜	●	●	●	
羊肉，猪肉，小牛肉		●		
土豆（土豆泥、土豆条、炸薯条）	●		●	
家禽类	●	●	●	
沙拉，新鲜香草，柑橘类	●	●		
烟熏鱼，烧烤			●	
春、夏季蔬菜（芦笋、西红柿）	●	●		
冬季蔬菜（南瓜、根菜类蔬菜、蘑菇）			●	●

起泡酒	桃红酒	清淡而清新的红葡萄酒	结构紧致的中等酒体红葡萄酒	浓郁醇厚的红葡萄酒	加强酒

·各类型葡萄酒生产国家及其葡萄品种

清爽的 白葡萄酒	活泼芳香的 白葡萄酒	浓郁醇厚的 白葡萄酒	甘甜的 白葡萄酒	起泡酒
西班牙 阿尔巴利诺	**新西兰** 长相思	**澳大利亚** 霞多丽	**德国** 雷司令	**美国** 起泡酒 （霞多丽，黑品乐）
–	–	–	–	–
意大利 苏瓦韦 （卡尔卡耐卡）	**奥地利** 绿维特利纳	**法国** 罗讷 （马尔萨讷）	**法国** 索泰尔讷 （赛美蓉，长相思）	**法国** 香槟 （霞多丽，黑品乐， 莫尼耶品乐）
–	–	–	–	–
法国 密思卡岱 （勃艮第香瓜）	**德国** 雷司令	**美国** 维欧尼	**匈牙利** 托卡伊·奥苏 （福尔明）	**意大利** 普罗赛克 （格雷拉）
–	–	–	–	–
德国 西万尼	**法国** 琼瑶浆	**阿根廷** 托隆特斯	**意大利** 莫斯卡托	**西班牙** 卡瓦 （混合）
–	–	–	–	–
葡萄牙 青酒 （混合）	**南非** 白诗南	**南非** 赛美蓉	**希腊** 麝香	**德国** 起泡酒 （各类葡萄）
–	–	–	–	–
希腊 荣迪思	**美国** 黑品乐	**意大利** 法兰娜	**加拿大** 冰酒 （威代尔，雷司令）	**葡萄牙** 起泡酒 （混合）

桃红酒	清淡而清新的红葡萄酒	结构紧致的中等酒体红葡萄酒	浓郁醇厚的红葡萄酒	加强酒
法国 科西嘉桃红酒	**法国** 勃艮第 （黑品乐）	**意大利** 基安蒂，布鲁内洛 （桑娇维塞）	**阿根廷** 马贝克	**葡萄牙** 波特酒 （混合）
–	–	–	–	–
西班牙 歌海娜桃红酒	**奥地利** （茨威格）	**西班牙** 里奥哈，杜罗河岸 （添普兰尼诺）	**美国** 增芳德	**西班牙** 雪利酒 （帕罗米诺，佩德罗－ 希梅内斯）
–	–	–	–	
意大利 切拉索洛	**意大利** 蓝布鲁斯科	–	**法国** 波尔多 （美乐）	**法国** 巴纽尔斯 （歌海娜混合）
–	–	**葡萄牙** 杜奥，杜罗河红酒 （混合）	–	–
法国 塔维尔，邦多勒 （歌海娜混合）	**美国** 黑佳美	–	**意大利** 巴罗洛，巴巴莱斯科 （内比奥罗）	**意大利** 马尔萨拉 （混合）
–	–	**希腊** 圣吉提科	–	–
奥地利 桃红酒 （蓝弗朗克，等）	**加拿大** 品丽珠	–	**智利** 赤霞珠	**澳大利亚** 麝香利口酒
–	–	**奥地利** 蓝弗朗克	–	–
美国 桃红酒 （黑品乐）	**法国** 特鲁索	–	**西班牙** 莫纳斯特莱	**葡萄牙** 马德拉 （各类葡萄）
		格鲁吉亚 萨佩拉维		

·常见的葡萄品种

赤霞珠

法国	意大利	美国	澳大利亚
波尔多 混合红酒品种	托斯卡纳 超级托斯卡纳混合红酒品种	加利福尼亚 纳帕谷赤霞珠	巴罗莎谷 赤霞珠 / 设拉子

美乐

法国	意大利	美国	美国
圣利永、波美侯、梅 多克、两海之间	托斯卡纳 超级托斯卡纳	加利福尼亚 纳帕谷美乐	华盛顿 哥伦比亚谷、瓦拉瓦拉、 红山

黑品乐

法国	美国	新西兰	德国
勃艮第、香槟、卢瓦尔	俄勒冈、加利福尼亚 俄威拉米特谷、罗斯河谷 圣丽塔山	中奥塔哥、马尔堡、马丁堡	阿尔、巴登、弗兰肯、法 尔兹、莱茵高、乌登堡

西拉 / 设粒子

澳大利亚	法国	南非	美国
巴罗莎谷、麦克拉伦谷、 澳大利亚南部	罗讷河 艾米塔吉、罗第丘、圣约 瑟夫、科尔纳斯	斯泰伦博斯、西开普	加利福尼亚 帕索 – 罗布尔斯、索诺马 县、中央海岸、圣巴巴拉

霞多丽

法国	澳大利亚	美国	法国
勃艮第 夏布利、科多尔、马孔内、夏洛奈	阿德莱德山、猎人谷、玛格丽特河	加利福尼亚 俄罗斯谷、索诺马县	香槟 白中白

白诗南

法国	南非	法国	美国
卢瓦尔 武弗雷、萨韦涅尔、蒙路易、卢瓦尔起泡酒	斯泰伦博斯、黑地、西开普 斯蒂恩	卢瓦尔 武弗雷、莱昂区 肖姆－卡尔特美露（甜酒）	加利福尼亚、 纳帕谷、哥伦比. 伦比亚峡谷

雷司令

德国	法国	澳大利亚	奥地利
摩泽尔、纳黑、法尔兹、莱茵高、莱茵黑森	阿尔萨斯	克莱尔谷、伊顿谷、塔斯马尼亚、维多利亚	瓦豪 卡比内晚收精选 奥地利和德国的 酒

长相思

新西兰	法国	智利	法国
马尔堡、霍克斯湾	卢瓦尔谷 桑赛尔、普伊－芙美	卡萨布兰卡谷、中央山谷、空加瓜谷、利达谷、莫尔	波尔多 格拉夫、索泰尔讷、巴尔萨克（后两种是与赛美蓉混合的甜酒）

词汇表

ACIDITY 葡萄酒中至关重要的因素，有非常明显的可口的感觉而非口味。在成酒中标注为总酸度 (TA)。

ALCOHOL 以酒精度 (ABV) 标注在酒标上。酒精度越高，口味就会越甜。

AMPHORA 古老的发酵和陈年容器，如今在自然葡萄酒酿造中盛行。

APPELLATION 官方指定的葡萄种植和葡萄酒酿造区域。法国为法定产区系统 (AOC)，美国为美国种植区制度（AVA）。

BARREL 木桶。也称 barrique（法国），botte（意大利），butt，pipe 或 tun，由专业制桶匠在火上轻烤，根据不同尺寸、陈年时间和烘烤程度，会带给葡萄酒不同焦糖香气和香料味。

BIODYNAMIC 半宗教式的超自然种植方法，比有机种植更依赖有机堆肥和自然药物来获得植物健康。

BODY 葡萄酒体，通常与酒精度有关，范围从轻到中等再到饱满。

BOTRYTIS 葡萄孢菌。贵腐菌会使葡萄皱缩，糖度浓缩；而灰腐菌会使葡萄发霉腐烂。

BRUT 针对起泡酒，表示"干"，还有更干的类型：零度绝干（BRUT NATURE 或 BRUT ZERO），这些类型的酒在二次发酵后没有加糖。超级干（EXTRA BRUT）加了一点糖；极干（BRUT）要再甜一点。比较容易混淆的超干（EXTRA DRY 或 EXTRA SEC）和干（DRY 或 SEC），还要甜一点儿，而半干（DEMI-SEC）更甜一点，最后 DOUX 或 SWEET 就是甜的意思。

CARBONIC MACERATION 在密封、与空气绝缘的罐里发生的整颗葡萄发酵。在这种无氧环境下，每个葡萄都在皮内发酵；成酒颜色较浅，酒精度较高，单宁含量低。用于酿造果香馥郁的博若莱新酒。

CLASSICO 传统的意大利葡萄种植产区的经典子产区。

CLONE 葡萄栽培术语。无性繁殖，得到某品种的栽培品种或变种。

COOPERAGE 木桶制作工艺。酿酒师在挑选木桶时会考虑木头产地、橡木种类和制桶工人等因素。

COPITA 西班牙用于饮用雪利酒的玻璃杯。

CRUSH 压碎葡萄的行为。在忙碌的酿酒期发生在采摘之后。

D.O. 法定产区，或西班牙官方制酒产区。

D.O.(C.)(G.)（高级）法定产区酒，意大利产区的三个质量等级。

DECANTING 将葡萄酒从酒瓶倒入滗酒器，以使年轻的葡萄酒与氧气接触或去除老年份酒的沉淀物。

DRY 根据国际雷司令基金会雷司令口味等级划分标准，指糖度低于或等于酒精度的葡萄酒。

ÉLEVAGE 在橡木桶或不锈钢罐、酒瓶或其他容器中的陈年或成熟。

FERMENTATION 当压碎的葡萄接触氧气时糖转变为酒精的过程。

FIELD BLEND 同一个葡萄园不同品种葡萄的随机混合。

FINING/FILTERING 去除沉淀物和杂质。

FINISH 喝过一口酒之后的余味。

FORTIFICATION 将葡萄酒与白兰地混合酿成加强酒的操作。

FOUDRES 大而垂直的橡木桶，是不锈钢发酵罐更传统的替代物。

GRANDES MARQUES 大规模的香槟生产商，或大生产商，从众多葡萄园收购葡萄并将不同葡萄园和不同年份的酒混合，制成一种独特的风格经年保持一致的特酿酒。与之相对的是种植户，或独立生产商，他们每年用自己葡萄园里的葡萄生产独特的起泡酒。

GROSSES GEWÄCHS 指德国最好的单一葡萄园葡萄酒。

HEAD SPACE 葡萄酒通过木桶少量气孔蒸发造成的空气层空间。酿酒师通过填满这个空间并注入少量二氧化硫、氮气或二氧化碳取代空气，来保护葡萄酒不被氧化。

HOT 用来形容高酒精度的葡萄酒在舌头和喉咙里造成的灼烧感。

IGT 地区餐酒，不在 DO-DOC 或 DOCG 指定的传统地理界限或特定葡萄品种范围里的葡萄酒。

INOCULATION 加入培育的酵母控制发酵过程，而不是让野生酵母自行启动发酵。

IVDP 葡萄牙波特酒协会，或质量保证局，负责"优质波特酒"的认证印章。

LAGAR 混凝土槽，以前波特酒庄里人工踩踏葡萄的地方。

LATE HARVEST 晚收，指用成熟后仍保持挂枝甚至变成葡萄干的葡萄酿成的酒。更甜的是用贵腐、皱缩和糖度最高的晚收葡萄酿造的贵族精选葡萄酒。

LEGS 摇晃后在酒杯内壁上滑落的酒滴。

MALOLACTIC FERMENTATION 苹果酸转变成顺滑的乳酸的过程，在红葡萄酒酿制中很常见，白葡萄酒并不常见。

MICRO-OX 微氧化是一种通过向红葡萄酒中泵入微量氧气来柔滑酒的口感的一种受争议的方法。

MINERALITY 描述矿物质的气味、口味和矿物质感觉的不准确的用词。最著名的是，葡萄酒专家用白垩岩味形容夏布利酒，用牡蛎壳味形容麝香酒，用咸味形容摩泽尔雷司令酒。

MOUSSE 起泡酒中的泡沫。

MOUTHFEEL 口感质地。

MUST 压碎的葡萄：皮，籽，茎，果肉和汁。

NOSE 葡萄酒的香气；闻酒后获得的。

NV 非年份葡萄酒。如许多起泡酒是由多年份的酒混合而成的。

NATURAL WINE 用来形容用以下全部或部分工序酿制葡萄酒的不规范用词：生态（如有机和生物动力学）耕作，手工采摘，在自然容器（如混凝土槽或橡木桶）中发酵，不经过澄清或过滤，不加添加剂（包括二氧化硫）。

NÉGOCIANT 从其他生产商或种植者那里购买葡萄、葡萄汁和（或）成酒，再冠以自己的品牌销售的商人或生产商。

NEUTRAL 用来形容以前使用过的木桶，它不再会给酒带来木桶的味道。

OXIDATIVEA 通过有意氧化增加酒的成熟度和柔和度的葡萄酒类型。非故意氧化的葡萄酒呈黄色，闻起来有雪利酒或醋的味道。

PASSITO 用葡萄干酿造的甜酒。

PET NAT 自然起泡酒，用最传统的方法酿造的起泡酒，不加糖和酵母。也称为古法、土法或原始起泡酒。

PHYLLOXERA 破坏了全世界许多葡萄园的致命的根虱，只有嫁接到具有抗体的美国葡萄根茎上才能存活。在砂质土壤的葡萄种植区域没有出现过。

PRÄDIKAT 德国和奥地利葡萄酒分级制度，大多数关于雷司令葡萄酒：kabinett 指珍藏酒；spätlese 是完全成熟的葡萄酒；auslese 晚收葡萄酒；beerenauslese 是超成熟的葡萄酒，可能包括某些贵腐葡萄酒；而 trockenbeerenauslese 指最皱缩的葡萄酿造的贵腐葡萄酒。优质法定产区酒 (QMP) 是顶级质量葡萄酒。

PROPRIETARY NAME 生产商给予葡萄酒独一无二的名字，特别常见于珍藏级波特酒，如格兰姆六葡萄（Graham's Six Grapes）或华莱士珍藏酒（Warre's Warrior），以及珍品佳酿香槟酒，如酩悦（Moët & Chandon's Dom Pérignon) 或路易王妃水晶（Louis Roederer's Cristal）。

PUTTONYOS 托卡伊·奥苏甜度的指示，数值范围从 3 ~ 6。

QUINTA 葡萄牙葡萄庄园。

REDUCTIVE 一种现代酿酒方法和葡萄酒类型，在无氧冷却的不锈钢罐里陈年来保持新鲜度。不要与还原缺陷相混淆，那指的是硫的味道影响到葡萄酒的香味。

RESIDUAL SUGAR (RS) 发酵后葡萄酒中残留的糖，用每升多少克糖来测量。

SAIGNÉE 从新压碎的红葡萄里抽取果汁，酿制较浓的红葡萄酒或酿制桃红酒的行为。

SCREWCAP 铝制酒瓶瓶盖。由于不带孔，最好用于保存新鲜、年轻的葡萄酒。

SEC 法语中"干"的意思。Off-dry 是半干；MOELLEUX 是甜；DOUX 是更甜；LIQUOREUX 是最甜的。

SÉLECTION MASSALE 从非常好的葡萄树上挑选藤条在新的葡萄园种植的方法。

SHIPPER 描述出口商的术语，特别是在葡萄牙。

SKIN CONTACT 让葡萄皮浸在果汁里，使葡萄酒获得颜色和质地的方式。大部分白葡萄酒没有经过浸皮。

SOLERA 一种部分混合方法，主要应用于赫雷斯或杜罗河等其他一些加强酒生产地区，将大量的老年份酒与新年份酒混合。部分混合加强酒也生产于澳大利亚、希腊、塞浦路斯、意大利和其他地方。

SPRITZ 葡萄酒里有二氧化碳时产生的刺痛的感觉。也叫 pétillance 或 spritzig。

SULFITES 二氧化硫，在葡萄园被用作抗真菌剂并可以防止葡萄酒变质。在美国，任何含硫量超过百万分之十的成酒会在酒标上标注"含硫"。

SUR LIE 与"酒泥"待在一起的时间会使白葡萄酒具有乳质的质地，尤其是在不断搅动酒泥的状况下。

TANNIN 来自葡萄皮、葡萄籽和茎，以及像木桶的化合物，使得口感干涩。主要是在红葡萄酒中感觉明显。

TECH SHEET 与年份、葡萄园地点、收获条件、酿酒工艺和成酒有关的技术数据页。

TERROIR 一种能从葡萄酒的香气和口味中觉察到葡萄园所在土地特征的说法。

TRADITIONAL METHOD 用来生产起泡酒的劳动密集型方法，如香槟、克利芒酒、卡瓦酒、弗朗西亚科特之类的起泡白葡萄酒都是用这种方法生产的。通过瓶内二次发酵而起泡。

VIN DE PAYS 地区餐酒，比普通餐酒质量好。

WHOLE-CLUSTER FERMENTATION 整串发酵，该方法操作适当的话，能够使葡萄酒获得果香风味，增加香辣的香气并顺滑单宁，也称为整枝发酵。

VIGNERON 葡萄种植者。

WINE THIEF 用来从木桶中取葡萄酒酒样的玻璃移液管，字面意思指偷葡萄酒的人。

致谢

感谢尼尔·贝凯特、乔安娜·威尔逊以及 *World of Fine Wine* 团队促成本书的完成。同时感谢我的家人在本书编写过程中对我的支持。

图片版权

　　凯瑟琳·科尔（Katherine Cole）是美国知名报刊 Oregonian 和 MIX 杂志葡萄酒专栏作家。2011 年凯瑟琳所著有关生物动力学葡萄种植的图书 Voodoo Vintners 由俄亥俄州立大学出版社出版，在 2012 年的路易王妃（Louis Roederer）世界葡萄酒作品大奖评比中，该书被评为年度国际葡萄酒图书。

　　凯瑟琳的作品出现在为数众多的世界杂志中。她毕业于哈佛大学和哥伦比亚大学新闻学研究生院，是世界侍酒师协会成员，在波特兰州立大学教授新闻学课程。凯瑟琳一家住在靠近波特兰市区的一座 1913 年建造的工艺精巧的住宅中，这里的欧文顿区聚集着波特兰最好的酒店，离西北部的葡萄酒产区也很近，其中最著名的就是威拉米特谷的黑品乐区域。